U0754668

党政领导关怀湖南气象事业

图文集

（1955-2013）

湖南省气象局 编

气象出版社

内容简介

　　《党政领导关怀湖南气象事业图文集(1955—2013)》收录了湖南省气象局近60年来受到各级党政领导关怀的400余幅照片,图文并茂地从多角度、多层次、多方面反映出各级领导对气象防灾减灾和对湖南气象工作的关心与指导。真实记录、反映湖南气象事业平稳、健康、快速发展的足迹和气象管理逐步走向政府化的发展历程,既是广大气象工作者对党政领导关心、关爱气象事业的铭记,也是历史的记载,其意义十分重大。

图书在版编目(CIP)数据

党政领导关怀湖南气象事业图文集 / 湖南省气象局编.--北京:气象出版社,
2014.3
　ISBN 978-7-5029-5900-5
　Ⅰ.①党… Ⅱ.①湖… Ⅲ.①气象－工作－湖南省－
文集 Ⅳ.①P468.264-53

中国版本图书馆 CIP 数据核字(2014)第 045335 号

DANGZHENG LINGDAO GUANHUAI HUNAN QIXIANG SHIYE TUWENJI
党政领导关怀湖南气象事业图文集(1955－2013)

出版发行:气象出版社
地　　　址:北京市海淀区中关村南大街46号
邮政编码:100081
总 编 室:010-68407112
发 行 部:010-68409198
网　　　址:http://www.cmp.cma.gov.cn
电子邮箱:qxcbs@cma.gov.cn
责任编辑:白凌燕
终　　审:黄润恒
封面设计:博雅思企划
版式设计:蔡立奇
印　　　刷:北京地大天成印务有限公司
开　　　本:889mm×1194mm 1/16
印　　　张:8
字　　　数:200千字
版　　　次:2014年3月第1版
印　　　次:2014年3月第1次印刷
定　　　价:100.00元

ISBN 978-7-5029-5900-5

定价:100.00元

《党政领导关怀湖南气象事业图文集(1955-2013)》

编委会

主　　任：常国刚

副 主 任：陈晓元　何　逸

成　　员：潘志祥　蔡奇亮　汪扩军　祝燕德　郑　锦　唐健强　王　立

陈　媛　刘品高　周　彪　楚涤修　曾建辉　江卫平　高晋川

王志杰　谢江霞　胡爱军　朱宏新　曾予农　高继林　黎祖贤

蔡荣辉　廖玉芳　丁岳强　刘瑞琪　王智刚　吴子佳　肖秧琳

尹新怀　叶建辉　崔新成

特约顾问：曾庆华

编委会办公室

主　　任：唐健强

副 主 任：向德龙

编辑组

主　　编：祝燕德

副 主 编：何　逸　崔新成　向德龙　谢江霞

成　　员：向德龙　刘湘沙　蔡承慧　罗燕南　陈　琼　胡雪媛　陈　英

何　凯　李耨周　仇财兴　杨　玲　姚宏权　罗　丹　崔　巍

廖　华

序

　　新中国成立以来,特别是改革开放以来,在中国气象局和湖南省委、省政府的正确领导下,我省气象事业快速发展,气象现代化水平显著提高,气象预报预测能力、气象防灾减灾能力、应对气候变化能力和开发利用气候资源能力不断增强,为保障湖南经济社会可持续发展、提高防灾减灾能力和改善生态环境,作出了应有的贡献。在我省气象事业发展的每一个重要历史阶段,各级党政领导都给予了极大的重视和关怀;我省气象事业所取得的每一项成就,都离不开上级党政部门的关心、指导和支持。在全面加快推进气象现代化的历史时期,必须始终坚持和强化党的领导不动摇,必须始终坚持将气象工作置于党和政府工作的全局中去谋划、部署和推进。

　　编纂《党政领导关怀湖南气象事业图文集(1955—2013)》(简称《图文集》)的主要目的,一是为了多方面、多视角记载湖南气象事业发展历史,铭记各级党政领导对发展湖南气象事业所倾注的心血和寄予的厚望;二是要通过学习领会各级党政领导对湖南气象事业的重要指示、批示和讲话等,不断总结凝炼经验,鼓舞、鞭策全省气象工作者进一步推动气象事业快速发展。

　　《图文集》以各级党政领导关怀湖南气象事业发展的图片为基本,缀串精炼恰当的文字说明,与《湖南省气象志》相呼应、相补充,兼具历史图集与宣传画册的功用。《图文集》收录史料期限,上起20世纪50年代湖南省气象局成立之初,下至2013年12月的成书之时。《图文集》的收录范围,包括党和国家领导人以及中国气象局、湖南省委、省人大、省政府、省政协等党政领导(含知名专家),对湖南气象防灾减灾和对气象工作的视察、检查、调研、指示、讲话、谈话、批示、题词,以及签署文书、发表文章等。同时,兼顾收录了各市(州)党政领导关怀气象事业的图文。《图文集》中重要史实的翔实呈现,描绘了湖南气象事业发展的脉络,描绘了气象现代化推动的进程,描绘了一流气象台站建设的足迹,反映了气象业务服务水平不断提高并取得重大成就的动力源泉等,给予了我们以众多的启迪。

　　《图文集》的编纂,集中了省、市气象部门及编纂工作人员的智慧,经过了广泛征集、精心挑选、不断修改完善的全过程,力求客观、规范,既突出重点又兼顾全面,突出了推动湖南气象事业发展主题。在此,对于同志们的辛勤劳动和创造性的工作,表示诚挚的谢意。

　　《图文集》出版后,希望发挥出应有的"存史鉴知"、"宣传教化"的作用。全省气象工作者一定要不辜负各级党政领导的殷切关怀与希望,始终牢记"为人民服务"的宗旨,坚持想人民群众所想、急党政领导所急,继往开来、开拓创新,大力推进气象现代化,千方百计加强气象防灾减灾和为社会各界服务,努力为湖南经济社会发展和人民安康福祉作出新的更大的贡献!

湖南省气象局局长　常国刚

2013 年 12 月 29 日

目录
CONTENTS

第一篇

党和国家领导关怀气象事业

主要反映：历任中共中央主席、总书记，国务院总理关怀重视气象工作。

◎1963年3月10日，毛泽东、刘少奇、周恩来、朱德、邓小平等党和国家领导人接见参加全国农业科学技术工作会议的气象代表团。

◎周恩来参观少年科技馆气象站模型。

◎ 1983 年 8 月,邓小平视察长白山天池气象站。

气象部门要把天气常常告诉老百姓。

——毛泽东

气象工作对国计民生各方面都有影响。我们研究气象就是使一切有生命的力量都能够很好地生存，让植物、动物很好地生长，就是为了保护人民。

——周恩来

气象工作对工农业生产很重要，气象工作者要努力啊。

——邓小平

气象事业发展水平的高低，是一个国家现代化水平的重要标志之一。

气象预报是否准确，不仅是经济问题，也是政治问题，关系到经济建设，关系到社会稳定，人民群众关心，党中央、国务院关心。

——江泽民

广大气象工作者要努力探索和掌握气候规律，大力推进气象科技创新，不断提高气象预测预报能力、气象防灾减灾能力、应对气候变化能力、开发利用气候资源能力，进一步推动我国气象事业实现更大发展……

——胡锦涛

气象服务要主动、及时、准确、科学、高效；气象部门要建立一流的装备、一流的技术、一流的人才和一流的台站。

——温家宝

要大力推进气象现代化建设，把中国的气象系统建成一个全世界最先进的系统之一。

——朱镕基

努力实现气象事业现代化，为国民经济建设和预防自然灾害作出新的贡献。

——李鹏

第二篇

党政领导(含知名专家)关怀指导湖南气象工作

　　主要反映:部分国家级领导,湖南省委、省人大、省政府、省政协领导,中国气象局领导以及知名专家等,到湖南省气象部门考察调研指导工作。

一、视察调研

◎1977年2月，中央气象局局长饶兴（前排右二）在湖南考察时与益阳市气象局职工合影。

◎1986年4月15日，国家气象局副局长章基嘉（二排中）来湘指导工作时在韶山毛泽东故居前与陪同人员合影。

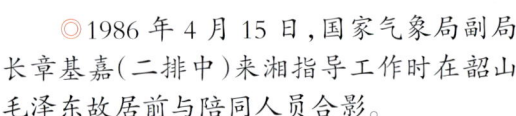

◎1988年5月，湖南省人大常委会主任刘夫生（左三）到省气象局调研指导工作。

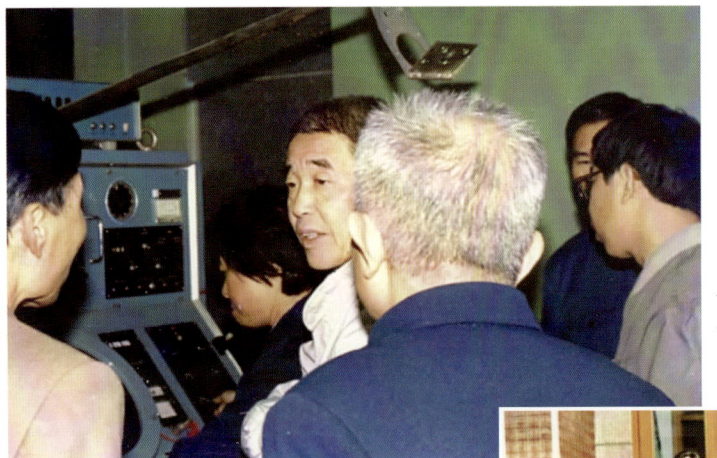

◎1988年3月，国家气象局副局长章基嘉（前排左四）出席全国气象部门长期天气预报研讨会时与湖南等代表合影。

◎1991年3月，全省气象局长会议在长沙召开，副省长卓康宁（左四）、副秘书长谢康生（左一）出席会议并考察省气象局，会上卓康宁发表讲话。

◎1991年3月29日，国家气象局副局长骆继宾（后排中）在湘西永顺县气象局考察时与气象职工合影。

◎1991年11月1日，国家气象局副局长李黄（前排右二）在湘西龙山县气象局检查指导工作时与气象职工合影。

◎1992年6月，国家气象局副局长骆继宾来湘考察调研。图为骆继宾（中）在株洲市气象局座谈会上。

◎1993年3月20日，副省长郑培民（右三）、省政协副主席卓康宁（左三）、省军区副司令员肖求如（左二）和有关厅局负责人、部分专业气象用户代表100多人，出席纪念世界气象日暨省气象台成立四十周年大会。

◎1993年4月28日，省政府召开全省气象工作会议，省领导和各地、州、市主管农业的副专员、副州长、副市长、气象局长，省委、省政府相关单位责任人参加。

①副省长王克英（右四）出席会议并发表讲话。

②会议期间，王克英考察了省气象局，并看望气象业务工作人员。

◎1993年10月28日,中国气象局在湖南大庸市召开贯彻国务院〔1992〕25号文件经验交流会,中国气象局副局长温克刚(主席台左三)出席并作讲话。省政府农村经济委员会主任陈彰嘉(右三)出席会议并代表副省长王克英发言。

①

◎1996年5月31日,中国气象局副局长颜宏率组来湘检查汛期气象服务工作,听取了省气象局工作汇报。

①颜宏(左三)在省气象台业务平面调研指导。

②颜宏(左七)在省气象科学研究所听取业务人员介绍。

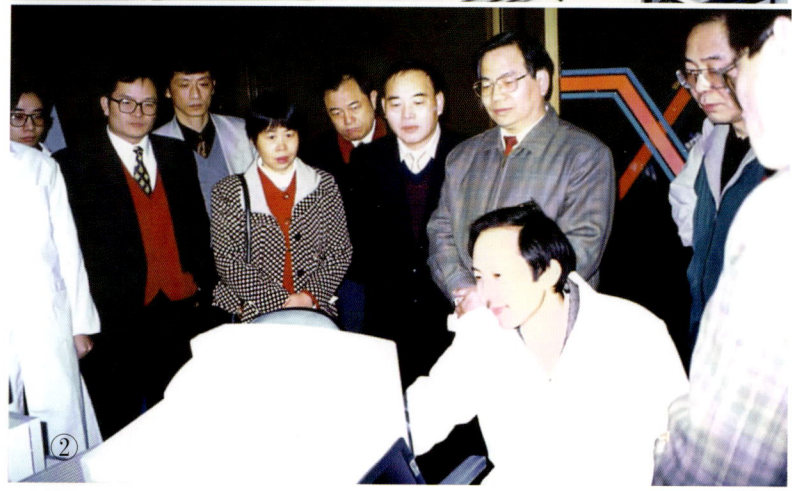

②

◎1998年,省委副书记郑培民,省委常委、副省长周伯华参观"湖南省改革开放二十周年成就展"气象展区。

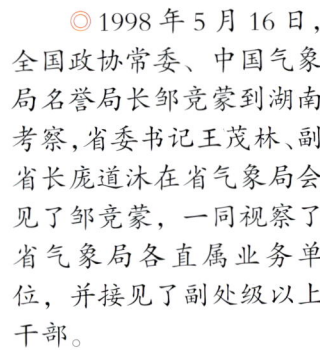

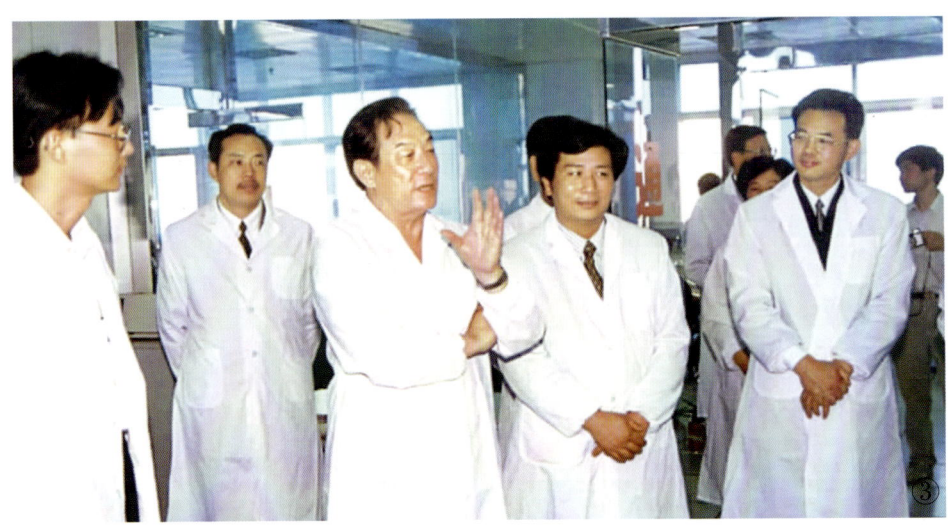

◎1998年5月16日，全国政协常委、中国气象局名誉局长邹竞蒙到湖南考察，省委书记王茂林、副省长庞道沐在省气象局会见了邹竞蒙，一同视察了省气象局各直属业务单位，并接见了副处级以上干部。

①王茂林（右二）、庞道沐（右一）与邹竞蒙（前排左一）在省气象台业务平面观看业务演示。

②邹竞蒙（前排左一）在省气象局大院视察。

③邹竞蒙（左三）在省气象科技服务中心指导工作。

④王茂林（右二）、邹竞蒙（左一）在省气象局多功能厅接见副处级以上干部，并分别发表讲话。

◎1998年4月1日，省政府主持召开全省气象工作会议。省委副书记胡彪、省人大常委会副主任罗海藩、省政协副主席阳忠恕、中国气象局副局长马鹤年到会讲话。参加会议的还有中国气象局、省委、省人大、省政府、省政协的领导及有关部、委负责人，市（地、州）分管气象工作的副市长、副专员、副州长等。期间，领导们参观了省气象局各业务工作平面。

①胡彪（前排左一）在省政府副秘书长欧阳斌（二排右二）陪同下，考察了省气象台。

②罗海藩（右四）在听取气象业务系统介绍。

③ 马 鹤 年
（前排右一）指导
气象业务与科研
工作。

③

◎1999 年 7 月 28 日，全国人大常委会委员、省人大常委会副主任谢佑卿（左二）一行到省气象局考察指导工作。

◎1999 年 10 月，中国气象局副局长郑国光（左三）考察湖南省气象局。

◎2000年9月20日，全国气象部门政治思想工作会议在长沙召开，中国气象局副局长刘英金、省委副书记胡彪、副省长庞道沐到会并讲话。省委常委、省文明委副主任文选德会见了刘英金，并商讨湖南省气象部门文明系统共建事宜。

①刘英金（右二）、文选德（左一）参观气象文化书画展。

②文选德（左二）与刘英金（右二）交谈。

◎2000年12月4日，湖南省气象防灾减灾重点实验室成立，副省长潘贵玉（左一）和中国气象局副局长颜宏（右一）共同为之授牌。

◎ 2001 年 3 月 13 日，湖南省气象部门"省文明系统"授牌仪式在长沙举行。省委副书记胡彪（左一）与中国气象局党组成员、中纪委驻中国气象局纪检组组长孙先健（左二）共同授牌并讲话。

◎ 2001 年 12 月 22 日，长沙多普勒天气雷达建设竣工举行交付使用仪式。中国气象局副局长李黄、副省长庞道沐及长沙市副市长孔光明出席仪式并讲话。

① 李黄（前右一）在长沙多普勒天气雷达站考察。
② 李黄（右二）与庞道沐（左二）会晤，共商湖南气象事业发展。

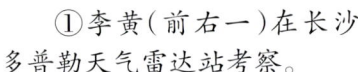

◎2002年3月29日，中国气象局和省政府在常德市举行省防洪天气预警系统一期工程竣工暨常德新一代天气雷达交付使用仪式。中国气象局副局长许小峰（左三）和副省长庞道沐（右四）及常德市市长陈君文（右三）分别讲话。

◎2002年6月23日，副省长庞道沐（左三）在省气象局新一代天气雷达显示屏前观看业务人员演示。

◎2002年7月1日，省长张云川一行来省气象局视察指导防汛气象服务工作，慰问一线气象工作人员。副省长庞道沐、省政府秘书长杨泰波随同视察省气象局业务服务工作平面。

①张云川（前排右四）、庞道沐（右一）、杨泰波（左二）在省气象科学研究所考察。

②领导们听取省气象局工作汇报。

◎2002年12月9日,"杂交水稻之父"、中国工程院院士、省政协副主席袁隆平(右一)在省气象科学研究所考察,并为气象工作题词:努力做好气象防灾减灾工作,为湖南经济建设服好务。

◎2003年6月23日,省委副书记、代省长周伯华和副省长杨泰波,率省政府相关部门负责人到省气象局现场办公,并考察防汛气象服务工作,听取全省气象工作汇报,解决气象现代化有关建设和增加省级地方气象事业预算经费等问题。

①周伯华(右四)等领导在听取省气象工作汇报。

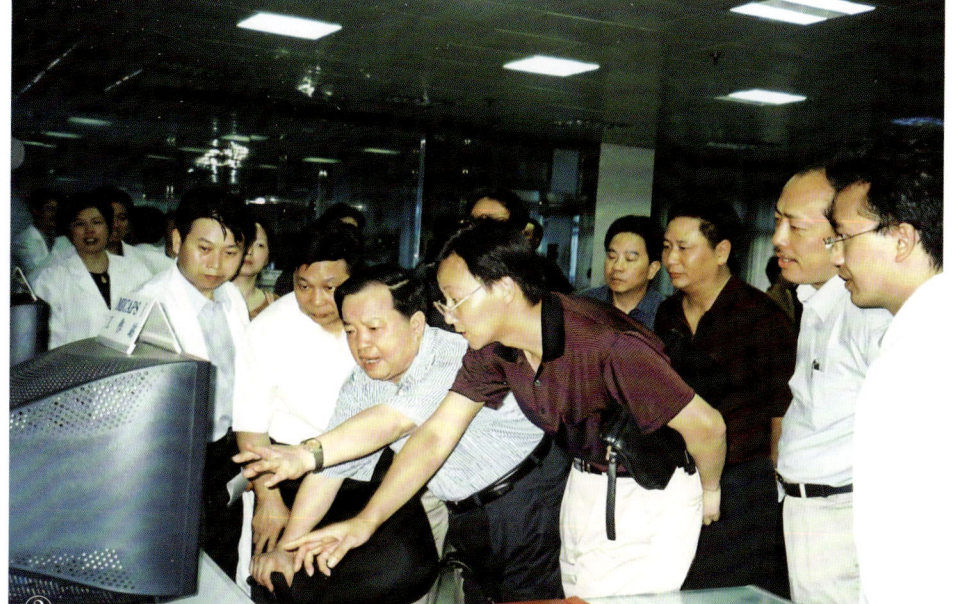

②周伯华（前排左三）、杨泰波（前排左二）在省气象台业务平面了解天气情况。

◎2003年7月24日，省人大常委会常务副主任吴向东、副主任庞道沐以及省人大常委会秘书长、专门委员会和工作机构负责人等，考察了长沙多普勒天气雷达站，并就审议出台《湖南省实施〈中华人民共和国气象法〉办法》进行座谈，听取了气象工作汇报。

①吴向东（右二）、庞道沐（左一），在视察长沙多普勒天气雷达站时听取介绍。

②吴向东（前排右二）、庞道沐（左二）等领导，在雷达站参观气象科普展览。

2004年全省气象局长会议

◎2004年1月15日，全省气象局长会议在长沙召开。省委副书记戚和平、副省长杨泰波出席会议并讲话。

①全省气象局长会议会场。

②戚和平（左四）、杨泰波（左三）等领导视察省气象台。

湖南省气象局

◎2004年5月2日，省委书记、省人大常委会主任杨正午（右二）和省人大常委会副主任罗桂求（左二）一行，视察了长沙黑糜峰多普勒天气雷达站，看望慰问"五一"期间坚守工作岗位的气象工作人员。

◎2004年7月21—24日，中国气象局局长秦大河率检查组到湖南检查指导防汛抗灾气象服务和实施"三大战略"工作，省委副书记、省长周伯华，副省长杨泰波会见了秦大河局长，并共商湖南气象事业发展大计。

①周伯华（左三）、杨泰波（左四）与秦大河（左二）会谈。
②秦大河（右五）一行听取业务人员介绍。

◎2004年12月3日，《湖南省气象防灾减灾预警中心可行性研究报告》通过专家论证，中国气象局副局长许小峰、中科院院士丑纪范以及省政府有关部门负责人和专家出席。

◎2005年3月23日，省气象局举行成立50周年暨世界气象日纪念座谈会，副省长庞道沐（主席台右三）出席并作讲话。

◎2005年5月13日，湖南省委书记、省人大常委会主任杨正午、副省长杨泰波视察省气象局，听取气象工作汇报，并对做好防汛抗灾工作进行现场把脉和研究。

①杨正午（右二）、杨泰波（右三）在听取气象工作汇报。

②杨正午（右三）、杨泰波（左二）在省气象台业务平面考察，听取气象业务介绍。

◎2005年5月，科技活动周期间，省人大领导亲临科普宣传现场。

①省人大常委会副主任唐之享（左二）参观气象科普展台。

②省人大常委会副主任周时昌（左三）参观气象科普展台。

◎2005年7月18日，省委副书记谢康生专程到省气象局慰问气象干部职工，了解汛期气象服务情况，并通过视频会商系统向全省气象工作者表示问候和感谢。

①谢康生（右三）在省气象台业务平面听取业务人员介绍。

②谢康生（中）通过视频会商系统慰问全省气象干部职工。

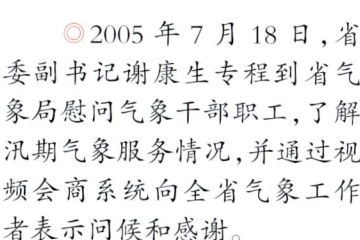

①

②

◎2005年11月21日，中国气象局副局长刘英金一行到湖南进行业务技术体制改革调研和指导。刘英金考察了省气象局各单位，在省气象局作了关于业务技术体制改革的报告，并到湘西北基层气象台站调研。

①刘英金（前排中）在省气象技术装备中心物资库房考察。

②刘英金（右二）在省气象台观看业务人员演示。

①

◎2006年4月5日，中国气象局副局长宇如聪一行到湖南检查指导贯彻落实国务院3号文件精神和实施全省业务技术体制改革等工作。

①宇如聪（左二）一行在听取全省气象工作汇报。

②宇如聪(左三)在省气象档案馆检查指导工作。

◎ 2006 年 5 月 24 日，中国气象局副局长王守荣来湘指导湖南气象事业发展"十一五"规划编制和防汛抗灾气象服务工作。图为王守荣(右二)在省气象台业务平面考察。

◎ 2006 年 6 月 21 日，中国气象局党组成员、人事司司长沈晓农对湖南气象业务技术体制改革进行指导，听取省气象局党组工作汇报。并代表中国气象局党组宣布对湖南省气象局领导班子调整的决定。

①沈晓农(右侧前五)在听取省气象局党组工作汇报。

②沈晓农（左四）宣布对湖南省气象局领导班子调整的决定。

◎2006年7月27日，省委常委、省委宣传部部长蒋建国（前排左二）到省气象局考察指导工作，慰问战斗在防汛抗灾一线的气象工作者。

2006年度湖南省气象局党组民主生活会

◎2006年8月28—29日，中国气象局副局长张文建率调研组赴湖南检查指导业务技术体制改革工作，出席省气象局党组民主生活会。并在长沙市副市长张湘涛陪同下，考察了气象为新农村建设服务示范点长沙县黄兴镇。

①张文建（右侧前三）出席省气象局党组民主生活会。

②张文建（右五）、张湘涛（右四）在长沙县黄兴镇调研座谈。

◎2006年8月31日，省委副书记谢康生（左四）在省防汛工作会议上听取天气形势汇报后，部署应对强热带风暴"碧利斯"侵袭的防灾抗灾工作。

◎2006年9月9日，中纪委驻中国气象局纪检组组长孙先健（右六）到湖南考察，图为在省气象科技服务中心信息平台检查指导工作。

◎2007年5月10-11日，中国气象局局长郑国光、副局长矫梅燕到湖南检查指导防汛气象服务工作。听取气象业务服务工作汇报。

①郑国光（前排左一）检查湖南气象业务服务产品。

② 郑国光（左二）和副省长杨泰波（左三）视察地处洞庭湖区的常德市气象局，并听取气象业务服务情况汇报。

②

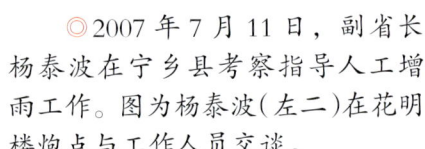

◎ 2007 年 5 月 25 日，国务院副总理回良玉在长沙主持召开长江流域防汛抗旱工作会议。湖南气象服务工作得到肯定。

◎ 2007 年 7 月 11 日，副省长杨泰波在宁乡县考察指导人工增雨工作。图为杨泰波（左二）在花明楼炮点与工作人员交谈。

◎ 2007 年 8 月 6 日，省委书记张春贤（左一）、省长周强（右二）在省气象局局长祝燕德等陪同下，视察衡阳人工增雨作业现场并慰问人工影响天气作业人员。

◎ 2007 年 11 月 26 日，中纪委驻中国气象局纪检组组长孙先健（左二)到湖南气象部门调研指导工作。

①孙先健（左二）参观省气象局廉政文化学习室。

②孙先健（左一）参观省气象局书法作品展。

◎ 2008 年 1 月 20 日，中国气象局副局长宇如聪率组到湖南气象部门慰问，指导抗冰救灾气象服务。

①宇如聪（左一）在衡阳市南岳区气象局预报值班室，了解湖南气象现代化建设与气象业务产品的研发和在基层台站的运用情况。

②宇如聪（后排左五）和中国科学院博士生导师王斌（后排右五）在省气象台与一线业务值班人员合影。

◎2008年2月1日，中国气象局党组副书记、副局长许小峰（前排中）率组到湖南指导抗御低温雨雪冰冻灾害气象服务，慰问战斗在抗冰救灾气象服务一线的全省气象工作者。

◎2008年6月4日，省委常委、省纪委书记许云昭（左四）听取省气象局党组集体汇报。

◎2008年6月5日，随同国务院副总理回良玉来湘检查指导湖南防汛工作的中国气象局局长郑国光（右一），亲临省气象台业务平面看望奋战在一线的湖南气象工作者。

◎ 2008 年 10 月 28 日，省政协副主席阳宝华（前排左三）、龙国键（前排左四）等到省气象局考察调研。图为观看气象影视节目。

◎ 2008 年 11 月 3-8 日，全国人大农业与农村委员会实施《中华人民共和国气象法》调研组组长王明义一行，到湖南检查调研，省委书记张春贤、省长周强会见了王明义一行，省人大常委会副主任蔡力峰陪同到基层调研。

①张春贤（右一）、周强（左三）在蓉园宾馆会见王明义一行。

②蔡力峰（前排右三）陪同王明义（前排右四）在省气象台听取汇报。

①

②

◎2009年1月19日，省政协副主席龚建明专程到省气象局调研开发利用太阳能资源问题。图为龚建明（左四）在气象业务服务平面听取介绍。

◎2009年1月19日，中国气象局副局长王守荣考察指导湖南气象预警中心建设。

①王守荣（右二）参观省气象预警中心实景效果模型。

②王守荣（前排右一）在湖南省气象预警中心建设工地考察。

◎2009年7月20日，全省人工影响天气工作会议在长沙召开，副省长徐明华（左二）、省军区副司令员张中湘（左三）出席会议，部署人工影响天气工作。

◎2009年9月25日，中国气象局副局长矫梅燕到湖南调研指导抗旱气象服务工作。图为矫梅燕（右三）在人工影响天气业务平面听取工作人员介绍。

◎2009年11月19日，省委常委、省政法委书记李江（右九）在应急演练现场考察应急气象服务工作。

　　◎2010年1月12日，副省长徐明华在省气象局局长祝燕德等陪同下，考察已建成的区域自动气象站和气象应急装备保障情况，并在气象应急车上与在江西省气象局检查指导工作的中国气象局副局长矫梅燕视频对话。

　　①徐明华（右一）与矫梅燕视频对话。

　　②徐明华（右五）在宁乡县区域自动气象站考察。

　　◎2010年5月15日，省委副书记梅克保（左一），在省科技活动周现场与气象科普展台前的工作人员交谈。

　　◎2010年5月16日，中国气象局副局长矫梅燕到湖南检查指导防汛气象服务工作，并到建设中的省气象预警中心工地考察。

　　①矫梅燕（前排右四）在省气象局业务平面检查指导。

②矫梅燕（前排右二）在省气象预警中心工地听取建设工作情况介绍。

②

①

◎2010年9月2日，中国气象局副局长许小峰到省气象局调研指导工作。

①许小峰（前排右二）在省气象预警中心建设工地考察建设情况。

②许小峰在省气象培训中心为全国气象部门县局长培训班的学员授课。

②

◎ 2010 年 10 月 18 日，全国政协人口环境资源委员会副主任委员、中国气象局原局长温克刚到湖南考察调研。

① 温克刚（中）在气象科技服务中心短信平台听取业务人员介绍。

② 温克刚（中）在省气象培训中心，看望参加学习的 25 省（区、市）县局长培训班学员，并为之授课。

◎ 2011 年 3 月 11 日，中纪委驻中国气象局纪检组组长刘实（左三），在建设中的省气象防灾减灾预警中心考察调研。

◎2011年8月5日,副省长徐明华(左一)考察宁乡县喻家坳人工增雨作业点,并与工作人员交流。

◎2011年10月21-23日,中国气象局局长郑国光到湖南气象部门检查指导工作。期间,郑国光与省委书记周强进行了亲切会见和交谈,与省长徐守盛、副省长徐明华共同视察了省气象预警中心,与省委常委、长沙市委书记陈润儿一同检查长沙市为农气象服务"两个体系"建设示范点。召开了基层气象机构综合改革调研座谈会。

① 省部领导听取省气象局工作汇报,共商湖南气象事业发展。

② 郑国光(前排右一)、徐守盛(前排右二)视察省气象预警中心时,观看党和国家领导人对气象工作的指示和题词。

③郑国光（前排右二）、徐守盛（右三）、徐明华（左三）视察省气象预警中心各业务平面。

④郑国光（前排左二）、陈润儿（前排右二），共同考察气象为新农村服务示范点关山村，并听取汇报。

⑤郑国光（右一）在株洲市气象局观测站，现场指导气象观测工作。

◎2012年2月24日，中国气象局副局长宇如聪（前排左一）到在建的中国气象局长沙综合气象观测试验基地考察指导建设工作。

◎2012年5月4-5日，长江流域气象业务服务协调委员会会议、华中区域气象中心工作会议在长沙召开。中国气象局副局长矫梅燕出席并作讲话。在湘期间，矫梅燕考察了省气象预警中心各业务平面，并到在建的中国气象局长沙综合气象观测试验基地调研。

①矫梅燕（左六）在省气象预警中心检查指导汛期气象服务工作。

②矫梅燕（左四）在省气象台业务平面听取业务人员介绍。

①

②

037

③副省长徐明华（左一）、矫梅燕（左三）共同考察在建的中国气象局长沙综合气象观测试验基地。

◎2012年5月22日，副省长徐明华（左）在北京参加第三次全国人工影响天气工作会议时，与中国气象局副局长宇如聪（右）共商湖南人影事业发展事宜。

◎2012年5月31日，省委副书记梅克保、省政协副主席杨维刚考察省气象预警中心，调研防灾减灾气象服务工作。

①梅克保（前中）参观党和国家领导关怀气象事业图展时说：气象工作是神圣的事业，"把天气常常告诉老百姓"，这是毛主席很早就提出的要求。

②梅克保（前排右二）、杨维刚（前排右一）在气象服务中心业务平面听取介绍。

◎2012年6月18日，省人大常委会副主任蔡力峰（前排右三）在省气象预警中心考察调研。

◎2012年7月16日，省委书记、省人大常委会主任周强，省委常委、省委秘书长易炼红，副省长徐明华以及省委办公厅、发改委、水利、农业、国土资源厅等有关厅局的负责同志，在汛期气象服务的关键时刻，专程到省气象预警中心考察，慰问气象干部职工。

①周强（前排右二）、易炼红（左三）、徐明华（左四）一行在人工影响天气业务平面听取介绍。

②省领导在省气候中心业务平面听取介绍。

③省领导听取超算中心数值天气预报系统介绍。

④周强（前排左二）在气象服务中心业务平面亲自操作电脑观看气象服务信息。

◎2012年7月29日，世界气象组织观测司司长、中国气象局原副局长张文建(中)，在省气象局领导陪同下考察省气象信息中心机房。

◎2012年9月28日，省政协副主席武吉海一行到省气象预警中心检查指导工作。图为武吉海(前排右二)在气象服务中心业务平面听取介绍。

◎2013年1月28日，中国气象局党组副书记、副局长许小峰到湖南省气象预警中心考察调研。

◎2013年2月5日，中国气象局党组书记、局长郑国光到湘宣布湖南省气象局领导班子调整的决定，并慰问气象工作者。

①

②

◎2013年6月28日，省委常委，长沙、株洲、湘潭试验区工委书记张文雄到省气象局考察，并就环境气象服务作专题调研。张文雄高度肯定气象部门在"两型社会"建设中发挥的重要作用，表示支持"长株潭气象防灾减灾综合示范工程"建设。

①张文雄（前排右三）一行在气象预报预测业务平面，听取业务人员介绍。

②张文雄（右一）参观省气象预警中心公共气象服务平面。

◎2013年7月19日，全省人工影响天气工作会议在长沙召开。省人大常委会副主任杨泰波（中）、副省长张硕辅（右二）出席并讲话。

◎2013年7月22日，副省长、省人工影响天气领导小组组长张硕辅（右二），在宁乡县人工增雨防雹标准化炮点，检查指导人工增雨抗旱工作。

◎2013年8月3日，省委常委、省委组织部部长郭开朗（左二）在永州市宁远县冷水镇人影作业炮点考察，看望气象工作人员并与之交谈。

◎2013年8月4日，中国气象局与湖南省人民政府签署了共同推进气象服务湖南经济社会发展合作协议。双方将共同建设完善湖南气象防灾减灾体系，不断提升气象预报预测能力、气象防灾减灾能力、应对气候变化能力、开发利用气候资源能力，为湖南防灾减灾和实施"四化两型"战略、实现"两个加快、两个率先"提供一流的气象服务保障。中国气象局党组书记、局长郑国光，副局长矫梅燕，省委副书记、省长杜家毫，副省长张硕辅等领导出席签约仪式。

①在省部合作协议签约仪式上，杜家豪（右）与郑国光（左）签约、握手。
②张硕辅代表湖南省人民政府讲话。
③矫梅燕代表中国气象局讲话。
④出席省部合作协议签约仪式的省部领导合影，其中：郑国光（左八）、矫梅燕（左七）、杜家毫（右八）、张硕辅（右七）。

◎2013年8月4日,中国气象局局长郑国光(右一)、副局长矫梅燕(前排右二)在省气象局业务平面检查指导工作。

◎2013年9月7日,全国人大常委会副委员长张宝文(左四)率气象法执法检查组来湘检查,到省气象预警中心视察。中国气象局副局长于新文(左二)、省人大常委会副主任徐明华(右二)等领导陪同考察。

◎2013年8月14日,省长杜家毫(右二)、副省长张硕辅(左三)考察省气象预警中心,慰问气象工作者。肯定各级气象部门在抗旱工作中发挥了重要作用,把灾害损失降到了最低。

◎2013年11月20日,省委常委、长沙市委书记易炼红(右)与省气象局局长常国刚就局市合作进行深入交谈。

二、领导会见

◎1998年5月，省委书记王茂林（左）会见来湘考察的全国政协常委、中国气象局名誉局长邹竞蒙（右），共同商讨湖南气象事业发展。

◎2004年7月23日，中国气象局局长秦大河（左二）向湖南省委副书记、省长周伯华（右二）赠送湖南省卫星遥感地形图。

①

◎2008年11月3日，省委书记张春贤在蓉园宾馆会见全国人大农业与农村委员会实施《中华人民共和国气象法》调研组组长王明义一行。

①张春贤（右二）与王明义（左二）进行深入交谈。

②张春贤（左三）与王明义（右三）一行合影。

◎2011 年 10 月 21 日，省委副书记、省长徐守盛（右）向中国气象局郑国光局长（左）赠送具有湖南特色的湘绣作品《荷花》。

◎2012 年 10 月 22 日，省委书记周强会见中国气象局党组书记、局长郑国光。

①周强（右）与郑国光（左）亲切握手。

②周强（右）与郑国光
（左）商谈湖南气象事业发展
事宜。

◎2013 年 8 月 4 日，省委
书记徐守盛会见中国气象局党
组书记、局长郑国光。

①徐守盛（右）与郑国光
（左）亲切握手。

②徐守盛（右）、郑国光（左）会谈时场景。

三、亲切接见

◎1957年4月29日，毛泽东、朱德、邓小平接见全国先进气象工作者（湖南陈耆验在其中）。

◎1959年10月，中央气象局副局长、党组书记饶兴（一排右八），副局长张乃召（一排右九）等领导，与全国群英会气象系统代表合影。湖南代表陈耆验（二排左四）参会。

◎1977年8月，在哈尔滨召开的全国农业气象经验交流会上，中央气象局局长饶兴（前排左四）与农业气象经验交流会代表合影。湖南省气象局副局长孙木林（前排右四）和王福祺、陈桂芬在其中。

◎1998年5月16日，全国政协常委、中国气象局名誉局长邹竞蒙(前排左五)和省委书记王茂林(前排左四)、副省长庞道沐(前排左三)，共同接见湖南气象工作者并同大家合影。

◎2005年5月13日，省委书记杨正午(前排左六)、副省长杨泰波(前排右五)，视察指导气象工作时与省气象局副处级以上干部合影。

◎2009年12月11日，国务院总理温家宝(前排左七)、副总理回良玉(前排右七)接见全国气象科技工作者代表。图中后排左三为湖南省气象局时任局长祝燕德，四排右三为现任局长常国刚。

◎2011年10月21日,省长徐守盛(前排左七)、中国气象局局长郑国光(前排左八)、副省长徐明华(前排左六),视察省气象预警中心时与副处级以上干部合影。

◎2012年7月16日,省委书记周强(前排左六),省委常委、省委秘书长易炼红(前排左七),副省长徐明华(前排左五),视察省气象预警中心时与干部职工代表合影。

◎2013年9月7日,全国人大常委会副委员长张宝文(前排左六),在中国气象局副局长于新文(前排右四)、省人大副主任徐明华(前排左四)、省政协副主席杨维刚(前排左三)等领导陪同下,考察省气象预警中心时与气象干部职工代表合影。

◎2011年10月21日,中国气象局党组书记、局长郑国光观看湖南省气象局"提高四个能力,实现气象现代化"文艺晚会,并与演职人员合影。

◎2012年5月4日,中国气象局副局长矫梅燕、副省长徐明华,与华中区域气象工作会议代表共同观看省气象局文艺演出,并与演职人员合影。

四、专家考察

◎1974年7月10日,气象学家、中科院院士叶笃正(前排中),到湖南指导数值天气预报工作时,在韶山毛泽东故居前与陪同人员合影留念。

◎1986年4月,国家气象局副总工程师王宪钊(前排左二)到湖南调研指导工作,并应邀作中国气候与农业的学术报告。

◎1988年11月,南京气象学院教授、中国气象学会农业气象专业委员会主任冯秀藻(后排中),到湖南新化考察。

◎2000年3月23日,省人大常委会副主任谢佑卿(前排右二)、两院院士何继善(前排右一)以及刘宝琛、卢锡城、古德生、刘筠、余永富等三湘院士、专家,出席纪念世界气象日座谈会,为湖南气象事业发展建言献策。

053

◎2002年12月9日，中国工程院院士袁隆平（左二）考察省气象业务平面。

◎2003年11月20日，中科院院士丑纪范到湖南调研指导工作，为省气象局科技人员作题为《天气预报与防灾减灾》的学术报告。

◎2003年11月，中科院院士丑纪范（前排左三）到浏阳县气象预警中心考察。

◎2010年3月21日，省政协副主席、中国工程院院士袁隆平在省气象培训中心为全国气象部门县局长培训班学员授课。

五、授予荣誉

◎1995 年 12 月,湖南省气象局被国家防汛抗旱总指挥部授予"全国抗洪抗旱先进集体"荣誉称号。

◎1998 年,湖南省气象局被国家防汛抗旱总指挥部和湖南省委、省政府分别授予"全国抗洪先进集体"和"抗洪救灾先进集体"荣誉称号。

◎2006 年 1 月,湖南省气象局获人事部、中国气象局联合颁发的"全国气象工作先进集体"奖。

◎2007 年 12 月,湖南省气象局获全国农林水系统"和谐事业单位"荣誉称号。

◎2008 年 2 月,湖南省委、省政府授予湖南省气象局"湖南省抗冰救灾先进集体"荣誉称号。

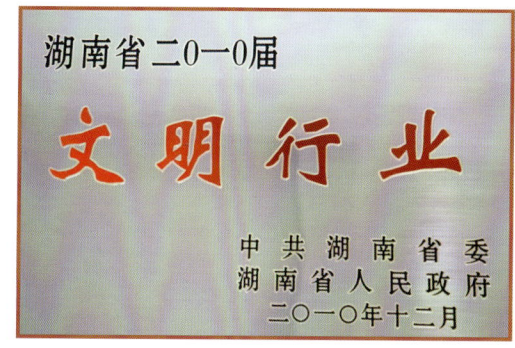

◎2010 年 12 月,湖南省委、省政府授予湖南省气象部门"2010 届文明行业"称号。

◎2008年12月，湖南气象局被表彰为全省地方志系统先进集体。

◎2005-2012年，省气象局连续8年被省纪委评为全省反腐倡廉宣传教育先进单位。

◎2013年2月，湖南省气象局荣获"2012年度全省依法行政优秀单位"称号。

◎2013年3月，湖南省气象局荣获"全省政务公开工作先进单位"称号。

◎2004年，湖南省委、省政府授予湖南省气象部门"文明行业"称号，图为授牌仪式。

◎2013年，由省气象局牵头完成的《湖南省极端气象灾害预警评估技术体系研究与示范应用》成果获湖南省科技进步一等奖。省领导徐守盛、杜家毫、陈求发等出席颁奖仪式。

◎2012年5月22日，中共中央政治局委员、国务院副总理回良玉在北京京西宾馆接见全国人工影响天气工作先进代表（湖南先进个人代表樊志超在其中）。

◎1987年2月18日，省委常委、常务副省长陈邦柱（前排左十二），省委常委、省委秘书长沈瑞庭（前排左十一）和省人大常委会副主任齐寿良（前排左十三）、省顾问委员会副主任王治国（前排左十四）等领导，会见全省气象系统"双文明建设"会议代表并与之合影。

◎2011年12月2日，中国农林水利工会第三届全国委员会第一次全体会议全体委员合影。会上，湖南省气象局工会被授予"模范职工之家"称号，省气象服务中心和省防雷中心工会被授予"劳动关系和谐企业"称号。前排右十一为全国总工会党组书记、副主席王玉甫，前排右八为中国气象局副局长沈晓农。

第三篇

依法规范和支持气象事业发展

主要反映：国家、省颁布的气象法律法规，规范和支持气象事业发展，包括宣传贯彻、督查落实等；湖南省政府、中国气象局下发加强湖南气象事业发展的政策性文件。

一、法律法规

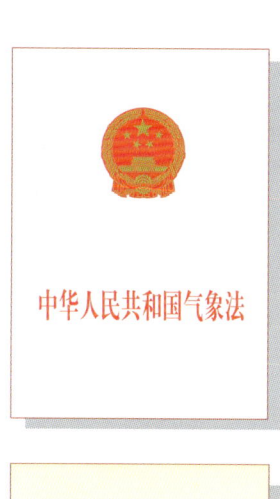

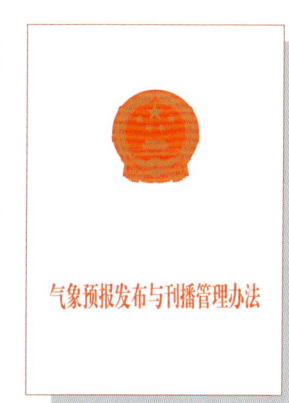
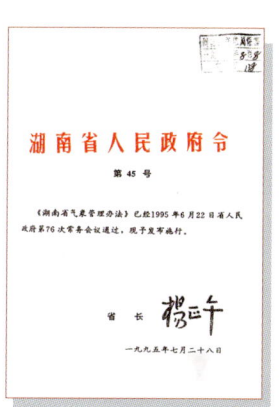

◎1999年10月31日,江泽民主席签发中华人民共和国主席令(第23号),《中华人民共和国气象法》颁布实施。

◎2002年3月19日,朱镕基总理签发中华人民共和国国务院令(第348号),《人工影响天气管理条例》颁布实施。

◎2010年1月27日,温家宝总理签发中华人民共和国国务院令(第570号),《气象灾害防御条例》颁布实施。

◎1995年6月22日,杨正午省长签署湖南省人民政府第45号令,《湖南省气象管理办法》颁布实行。

◎2003年9月28日,湖南省第十届人民代表大会常务委员会公告(第5号),《湖南省实施〈中华人民共和国气象法〉办法》颁布实行。

◎2008年11月28日,湖南省第十一届人民代表大会常务委员会公告(第9号),《湖南省雷电灾害防御条例》颁布实行。

◎2003年6月6日,秦大河局长签发中国气象局令(第5号),《施放气球管理办法》颁布实行。

◎2003年12月31日,秦大河局长签发中国气象局令(第6号),《气象预报发布与刊播管理办法》颁布实行。

◎ 1999年12月，湖南省人大召开宣传贯彻《中华人民共和国气象法》会议。省人大常委会副主任罗海藩（左四）、副省长庞道沐（左三）出席并讲话。

◎ 2002年5月22日，湖南省人大贯彻实施《中华人民共和国气象法》执法检查组听取常德市专题汇报。省人大常委会副主任罗海藩（右五）出席并讲话。省人大农业与农村委员会主任委员傅学俭主持会议。

◎ 2003年11月20日，省人大农业与农村委员会和省气象局联合举行《湖南省实施〈中华人民共和国气象法〉办法》颁布施行新闻发布会。省人大常委会副主任庞道沐（右四）、副省长杨泰波（右三）出席并发表讲话。省人大法制委员会主任委员陈兰新、省政府副秘书长陈吉芳在主席台就座。省人大农业与农村委员会主任委员胡正扬主持会议，省气象局局长祝燕德作主题报告。

◎2009年2月26日,省人大农业与农村委员会和省气象局联合举办《湖南省雷电灾害防御条例》公布实施新闻发布会,图为省人大常委会副主任蔡力峰(左四)、省政府副秘书长陈吉芳(左三)出席并讲话。

◎2009年5月16日,在湖南省防灾减灾科技活动周气象法律法规宣传展台前,省委副书记梅克保(右一)与气象科技人员交谈,感谢气象部门为湖南经济社会发展和防灾减灾作出了重大贡献。

◎2013年9月7日,全国人大常委会副委员长张宝文(前右二)率气象法执法检查组来湘检查。

二、政策文件

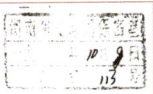

湖南省人民政府文件

湘政发〔1992〕42号

关于进一步加强气象工作的通知

各行政公署，自治州、市、县人民政府，省直机关各单位：

近几年来，我省气象部门认真贯彻执行党的路线、方针、政策，积极推进气象现代化建设和各项改革。为我省经济建设和社会服务作出了重要贡献。特别是在防灾减灾、资源开发和产业结构调整中，气象部门始终坚持把为领导决策服务放在首位，积极主动、及时提供了较为准确的科学依据和预报情报，收到了显著的社会经济效益。为了认真贯彻落实国发〔1992〕25号《国务院关于进一步加

1

◎1992年9月29日，湖南省人民政府印发了《关于进一步加强气象工作的通知》（湘政发〔1992〕42号）。

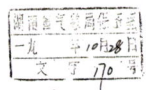

湖南省人民政府办公厅文件

湘政办发〔1996〕43号

湖南省人民政府办公厅 关于加强人工影响天气工作的通知

各行政公署，自治州、市、县人民政府，省直机关各单位：

人工影响天气作为人类运用现代科学技术，达到局部地区增加降水、减轻冰雹危害、防止霜冻等目的的一项科技手段，已成为防灾减灾尤其是保护农业生产的一项重要措施。我省人工影响天气工作，通过多年的努力，初步形成了一定的格局，取得了显著的社会效益和经济效益。当前存在的问题是管理体制不顺，基础设施和技术装备脆弱，科学技术研究和人员培训有待加强，作业总体效益尚需提

1

◎1996年9月27日，省政府印发《湖南省人民政府办公厅关于加强人工影响天气工作的通知》（湘政办发〔1996〕43号）。

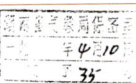

湖南省人民政府办公厅文件

湘政办发〔1998〕5号

湖南省人民政府办公厅 关于加快发展地方气象事业的通知

各地区行政公署，自治州、市、县人民政府，省直机关各单位：

为了认真贯彻落实国务院办公厅国办发〔1997〕43号文件精神，加快发展我省地方气象事业，经省人民政府同意，现就有关问题通知如下：

一、切实加强对发展地方气象事业的领导。加快发展地方气象事业，是我省经济建设和社会发展的客观要求。我省既是自然灾害十分频繁的省份，又是气候资源非常丰富

1

◎1998年3月30日，省政府印发《湖南省人民政府办公厅关于加快发展地方气象事业的通知》（湘政办发〔1998〕5号）。

湖南省人民政府办公厅

湘政办函〔1999〕57 号

湖南省人民政府办公厅关于
建设县级气象信息卫星广播接收站的通知

娄底地区行政公署，各市、州及有关县（市、区）人民政府，省直有关单位：

为改变县级气象台站通讯落后状况，增强县级气象局的预报服务能力，更好地为经济建设和防灾减灾工作服务，根据中国气象局《关于配套投资建设气象信息卫星广播接收系统的函》（中气计发〔1999〕76 号）精神，我省采取中央和地方共同投资的方式在全省建设 83 个县（名单附后）级气象信息卫星广播接收站。为确保建站任务顺利完成，尽快发挥效益，经省人民政府同意，现将有关事项通知如下：

一、各级政府要高度重视县级气象信息卫星广播接收站的建设工作，加强领导，确保年内完成建站任务。

1

◎1999 年 6 月 12 日，省政府下发《湖南省人民政府办公厅关于建设县级气象信息卫星广播接收站的通知》（湘政办函〔1999〕57 号）。

湖南省人民政府办公厅

湘政办函〔2005〕159 号

湖南省人民政府办公厅
关于加快中小尺度灾害天气自动气象
监测站网建设的通知

各市州、县区市人民政府，省直有关单位：

我省是中小尺度灾害天气频发地区，防御中小尺度灾害天气产生的暴雨、冰雹、大风、雷电、龙卷风等灾害，减少人民群众生命财产损失是我省每年防灾减灾的重要任务。在中小尺度暴雨等灾害易发地建设加密的自动气象监测站网，配合天气警戒雷达、卫星监测，雷电定位系统等技术手段，能够有效地获取中小尺度灾害天气的预警信息，延长预警时效。根据中国气象局《全国中小尺度天气地面监测网建设指导意见》的相关要求，我省将初步建成以监测、通信、预报、预警等非工程措施为主的减灾体系，在 3 年内建成覆盖全省、间距为 25-5 公里的中小尺度灾害天气自动气象监测站网系统。经省人民政府同意，现就有关问题通知如下：

一、各级各有关部门要高度重视中小尺度灾害天气自动气象监测站网建设，加强组织领导，认真组织实施，按时完成中小尺

◎2005 年 11 月 14 日，省政府下发《湖南省人民政府办公厅关于加快中小尺度灾害天气自动气象监测站网建设的通知》（湘政办函〔2005〕159 号）。

湖南省发展和改革委员会文件

湘发改农〔2005〕1046 号

关于湖南省气象防灾减灾预警中心
可行性研究报告的批复

湖南省气象局：

你局湘气函〔2005〕68 号"关于请求审批《湖南省气象防灾减灾预警中心可行性研究报告》的函"及相关材料均悉。经研究，批复如下：

一、为进一步提高我省气象灾害的预测预警能力，改善我省决策气象服务和公共气象服务水平，保障人民群众生命财产的安全，同意建设湖南省气象防灾减灾预警中心。

二、同意该项目用地 48.8 亩，项目主要建设内容包括：综合大气和生态气象监测网、气象信息通信网络系统、气象信息处理和共享平台、无缝隙精细化天气预报业务系统、重大灾害性天

◎2005 年 12 月 20 日，省发展和改革委员会印发《关于湖南省气象防灾减灾预警中心可行性研究报告的批复》（湘发改农〔2005〕1046 号）。

湖南省人民政府文件

湘政发〔2006〕21 号

湖 南 省 人 民 政 府
关于加快气象事业发展的意见

各市州、县市区人民政府，省政府各厅委、各直属机构：

为了认真贯彻落实《国务院关于加快气象事业发展的若干意见》（国发〔2006〕3 号）文件精神，加快我省气象事业的发展，更好地为国民经济和社会发展服务，现提出如下意见。

一、充分认识加快发展气象事业的重要性和紧迫性

1、加快发展气象事业是应对突发灾害事件、保障人民生命财产安全的迫切需要。我省是全国气象灾害严重的省份之一。随着社会经济的发展，气象灾害产生的危害也越来越大，防御流域性、区域性、突发性气象灾害的任务十分繁重。提供准确及时的气象预警预报服务，提高全社会防御灾害事件的能力和水平，对

— 1 —

◎2006 年 7 月 21 日，省政府下发《湖南省人民政府关于加快气象事业发展的意见》（湘政发〔2006〕21 号）。

湖南省人民政府办公厅文件

湘政办发〔2007〕73 号

湖南省人民政府办公厅
关于进一步加强气象灾害防御工作的意见

各市州、县市区人民政府，省政府各厅委、各直属机构：
　　根据国务院办公厅国办发〔2007〕49 号文件精神，经省人民政府同意，现就进一步加强全省气象灾害防御工作提出如下意见：
　　一、充分认识加强气象灾害防御工作的重要性
　　我省天气气候复杂多变，各种气象灾害频发。暴雨、台风、干旱、雷电、大风、冰雹、大雾、霾、高温热浪、低温冻害等气象灾害以及因气象因素引发的山洪、滑坡、泥石流、崩塌、森林火灾、城市火灾、生物灾害等次生衍生灾害时有发生，造成很大

— 1 —

◎ 2007 年 12 月 19 日，省政府下发《湖南省人民政府办公厅关于进一步加强气象灾害防御工作的意见》（湘政办发〔2007〕73 号）。

HNPR－2009－01058

湖南省人民政府办公厅文件

湘政办发〔2009〕64 号

湖南省人民政府办公厅关于完善全省
气象灾害应急响应社会联动机制的通知

各市州、县市区人民政府，省政府各厅委、各直属机构：
　　为进一步提高对气象灾害的应急处置能力，保护人民群众生命财产安全，经省人民政府同意，现就完善全省气象灾害应急响应社会联动机制有关事项通知如下：
　　一、气象灾害预警信息发布与管理
　　气象灾害预警信息是指气象主管机构所属气象台站发布的气象灾害预警信号、灾害性天气实况、重要天气预报预警等。我省气象灾害预警信号分为台风、暴雨、暴雪、寒潮、大风、高温、干旱、雷电、冰雹、霜冻、大雾、霾、道路结冰等十三种，预警信号的级别依据气象灾害可能造成的危害程度、紧急程度和发展

— 1 —

◎ 2009 年 9 月 10 日，省政府下发《湖南省人民政府办公厅关于完善全省气象灾害应急响应社会联动机制的通知》（湘政办发〔2009〕64 号）。

HNPR－2010－01018

湖南省人民政府办公厅文件

湘政办发〔2010〕17 号

湖南省人民政府办公厅
关于加强气象探测环境保护工作的通知

各市州、县市区人民政府，省政府各厅委、各直属机构：
　　为认真贯彻落实《中华人民共和国气象法》，《湖南省实施〈中华人民共和国气象法〉办法》及有关法律法规，促进全省气象探测事业科学发展，经省人民政府同意，现就加强气象探测环境保护工作通知如下：
　　一、充分认识保护气象探测环境的重要性和紧迫性

— 1 —

◎ 2010 年 5 月 12 日，省政府下发《湖南省人民政府办公厅关于加强气象探测环境保护工作的通知》（湘政办发〔2010〕17 号）。

湖南省发展和改革委员会文件

湘发改规〔2011〕1550 号

关于印发湖南省气象事业发展
"十二五"规划的通知

各市州发展改革委、气象局，各县市区发展改革局、气象局：
　　为推动气象事业发展，完善气象服务体系，保障国民经济持续健康发展，根据《湖南省国民经济和社会发展第十二个五年规划纲要》及相关法律法规，省气象局编制完成了《湖南省气象事业发展"十二五"规划（2011-2015）》，该规划已经湖南省发展改革委批准，现印发给你们，请认真组织实施。
　　附件：湖南省气象事业发展"十二五"规划（2011-2015）
　　　　　　　　　　　　　　　　　二〇一一年十月十一日
主题词：气象　发展规划　通知
抄送：中国气象局，省人民政府办公厅，各市州、县市区人民政府
湖南省发展和改革委员会办公室　　2011 年 10 月 11 日印发

— 1 —

◎ 2011 年 10 月 11 日，省发展和改革委员会下发《关于印发湖南省气象事业发展"十二五"规划的通知》（湘发改规〔2011〕1550 号）。

HNPR-2011-01071

湖南省人民政府办公厅文件

湘政办发〔2011〕71 号

湖南省人民政府办公厅
关于加强气象灾害监测预警及
信息发布工作的实施意见

各市州、县市区人民政府,省政府各厅委、各直属机构:

　　根据《国务院办公厅关于加强气象灾害监测预警及信息发布工作的意见》(国办发〔2011〕33 号)文件精神,经省人民政府同意,现就加强气象灾害监测预警及信息发布工作提出如下实施意见:

　　一、充分认识加强气象灾害监测预警及信息发布工作的重要意义

　　我省是气象灾害多发省份,气象灾害种类多、强度大、频率高,占自然灾害的70%以上。在全球气候变暖的大背景下,极端天气气候事件和极端气象灾害呈逐年上升趋势,严重威胁和影响我省经济社会发展和人民生命财产安全,全省防灾减灾形势十分严峻。加强气象灾害监测预警及信息发布是防灾减灾工作的关键环节,是防御灾害和减轻灾害损失的重要基础,对提升全社会防

◎2011 年 10 月 12 日,省政府下发《湖南省人民政府办公厅关于加强气象灾害监测预警及信息发布工作的实施意见》(湘政办发〔2011〕71 号)。

中国气象局文件

气发〔2004〕79 号

关于湖南省气象防灾减灾预警中心
建设立项的批复

湖南省气象局:

　　你局《关于湖南省气象防灾减灾预警中心建设立项的请示》(湘气发〔2004〕12 号)收悉。经研究,批复如下:

　　一、湖南是气象灾害频发,灾害损失较大的省份,为适应地方国民经济建设和社会快速发展对气象服务工作提出的更高要求,建设省级气象防灾减灾预警中心,提高气象防灾减灾能力势在必行。为此,同意"湖南省气象防灾减灾预警中心"立项建设。

　　二、该项目根据已列入《湖南省农业和农村经济发展"十五"计划》确定的项目投资规模为16095 万元,按中央与地方1:1 的匹配比例,由我局和湖南省人民政府共同承担。

— 1 —

◎2004 年 4 月 14 日,中国气象局下发《关于湖南省气象防灾减灾预警中心建设立项的批复》(气发〔2004〕79 号)。

湘府阅〔1999〕35 号

关于湖南省洪涝灾害和中尺度灾害性天气
预警系统一期工程建设的会议纪要

（一九九九年六月十七日）

　　6 月 6 日,省政府常务副省长周伯华同志主持召开会议,专题研究湖南省洪涝灾害和中尺度灾害性天气预警系统(以下简称防洪天气预警系统)一期工程建设问题。省政府副省长庞道沐,省政府副秘书长欧阳斌和省计委、省财政厅、省水利水电厅、省气象局以及长沙市人民政府、常德市人民政府等单位的负责人参加了会议。

　　会议认为,我省是暴雨、冰雹和雷暴大风等中尺度灾害天气频繁发生的省份,加快我省防洪天气预警系统建设,加强灾害性天气的监测预报,为防汛抗旱指挥提供客观定量的高时空分别率的决策信息,降低灾害损失,具有十分重要的意义。

◎1999 年 6 月 17 日,省政府办公厅印发《关于湖南省洪涝灾害和中尺度灾害性天气预警系统一期工程建设的会议纪要》(湘府阅〔1999〕35 号)。

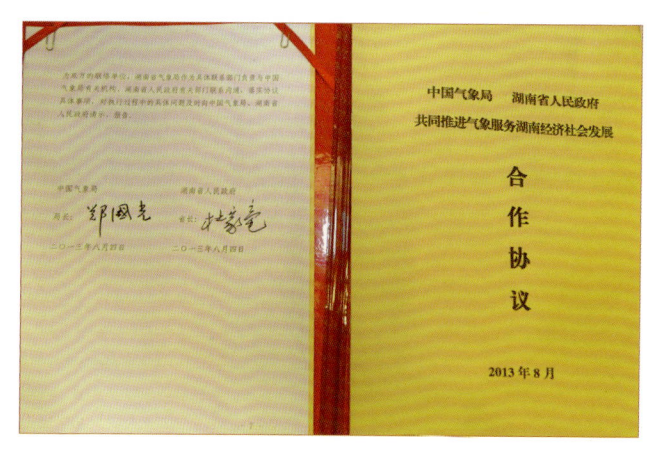

◎2013 年 8 月 4 日,中国气象局和湖南省人民政府签署《共同推进气象服务湖南经济社会发展合作协议》文本。

第四篇

省部领导对湖南气象工作的批示与题词

　　主要呈现:省领导和中国气象局领导对湖南气象工作的关爱肯定、希望要求,给予的批示与题词。

一、领导批示

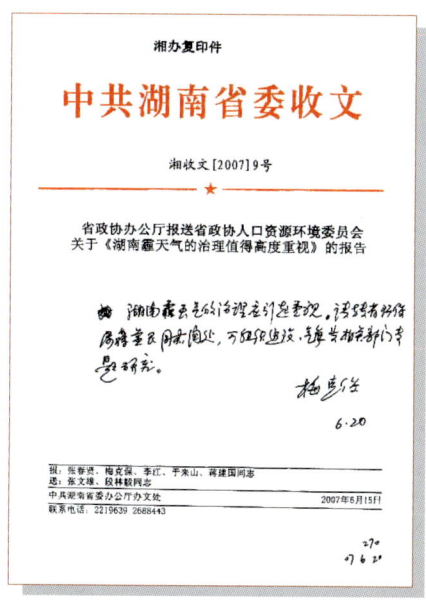

◎2007年6月20日，省委副书记梅克保在省委收文上批示：湖南霾天气治理应引起重视。请转省环保局阅处，可组织建设、气象等相关部门专题研究。

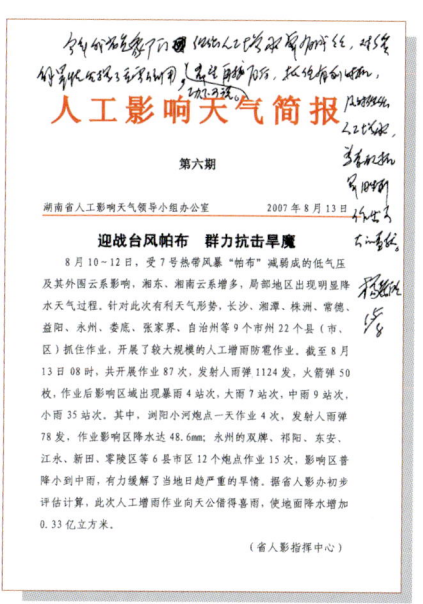

◎2007年8月15日，副省长杨泰波在《人工影响天气简报》上批示：今年我省气象部门组织人工增雨卓有成效，对缓解旱情发挥了重要作用，功不可没。希望再接再厉，抓住有利时机，及时组织人工增雨，为夺取抗旱胜利作出更大的贡献。

◎2008年1月25日，省长周强在《气象专题汇报》上批示：省气象局、气象台预报雨雪、冰冻天气及时、准确，为抗灾救灾提供了重要依据。望密切关注未来一段时间的气象变化，及时为决策提供预测信息。

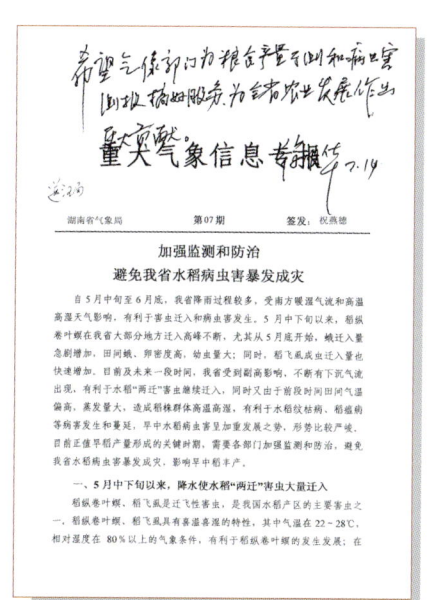

◎2008年7月14日，副省长徐明华在《重大气象信息专报》（第7期）上批示：希望气象部门为粮食产量预测和病虫害测报搞好服务，为全省农业发展作出更大贡献。

067

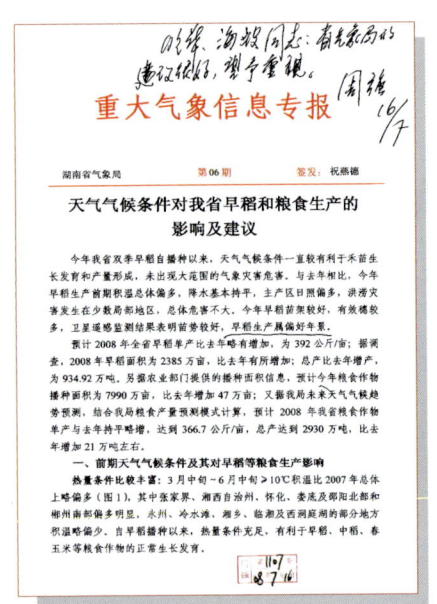

◎ 2008 年 7 月 16 日,省长周强在《重大气象信息专报》(第 6 期)上批示:明华、海波同志:省气象局的建议很好,望予重视。

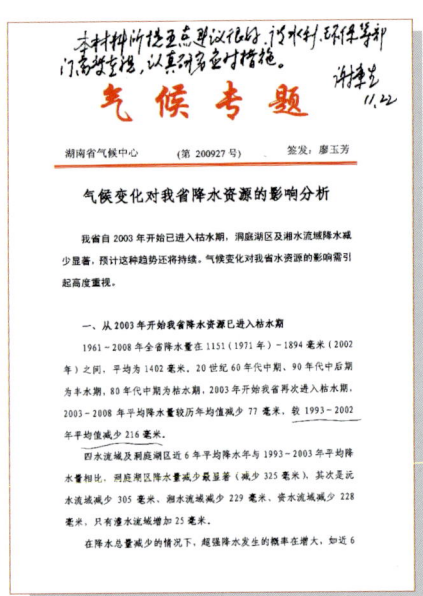

◎ 2009 年 11 月 22 日,省人大常委会党组副书记、省政府顾问谢康生在《气候专题》(第 200927号)上批示:本材料所提五点建议很好,望水利、环保等部门高度重视,认真研究应对措施。

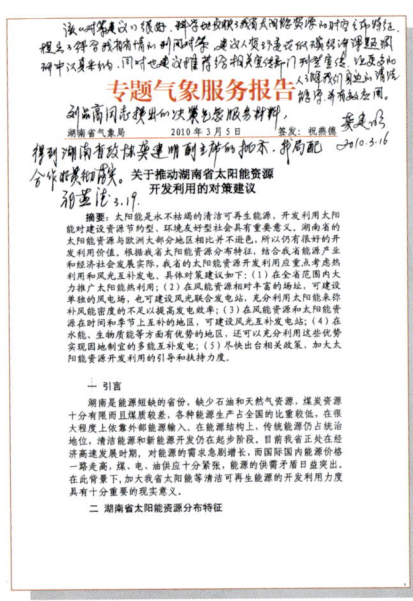

◎ 2010 年 3 月 16 日,省政协副主席龚建明在《专题气象服务报告》太阳能资源决策服务材料上批示:该《对策建议》很好,科学地反映了我省太阳能资源的时空分布特征,提出了符合我省省情的利用对策,建议人资环委在低碳经济课题调研中认真采纳,同时也建议推荐给相关宣传部门刊登宣传,让更多的人了解我们身边的清洁能源,并有效应用。

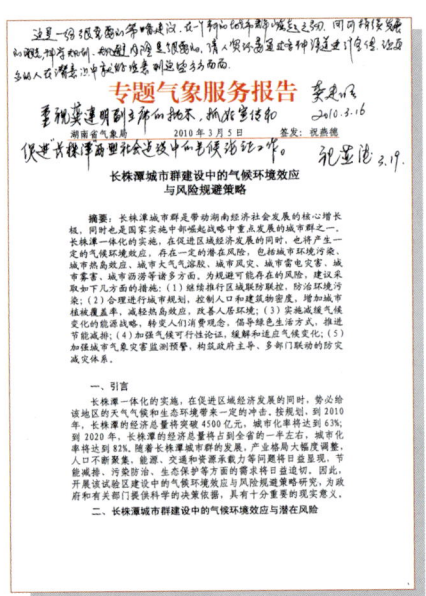

◎ 2010 年 3 月 16 日,省政协副主席龚建明在《专题气象服务报告》长株潭气候环境效应决策服务材料上批示:这是一份很重要的策略建议,在一个新的城市群崛起之初,用可持续发展的眼光,科学规划、规避风险是很重要的,请人资环委通过各种渠道进行宣传,让更多的人在潜意识中就能注意到这些方方面面。

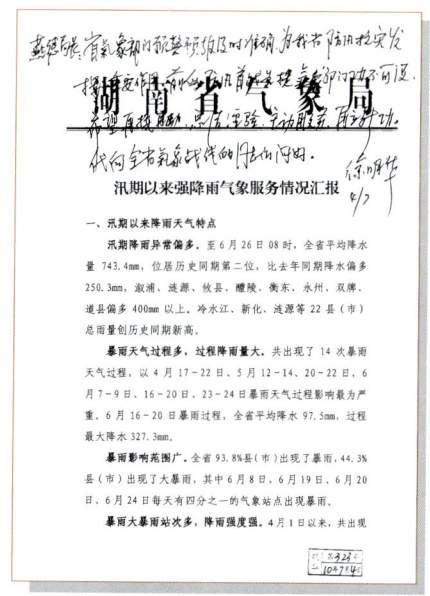

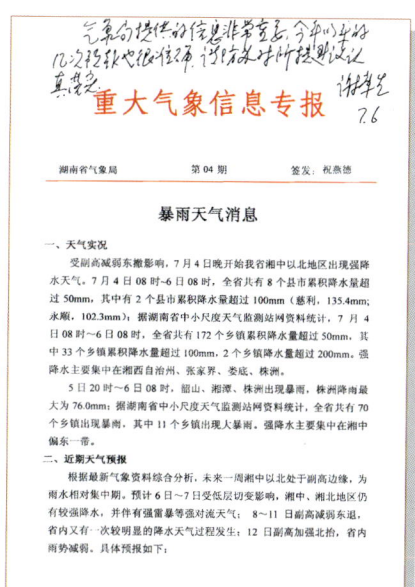

◎2010年7月4日,副省长徐明华在《汛期以来强降雨气象服务情况汇报》上批示:省气象部门预警预报及时准确,为我省防汛抗灾发挥了重要作用。前期防汛首战告捷,气象部门功不可没。希望再接再厉,总结经验,主动服务,再立新功,代向全省气象战线的同志们问好。

◎2010年7月6日,省人大常委会党组副书记、省政府顾问谢康生在《重大气象信息专报》上批示:气象局提供的信息非常重要,今年以来的几次预报也很准确,请防办对所提建议认真落实。

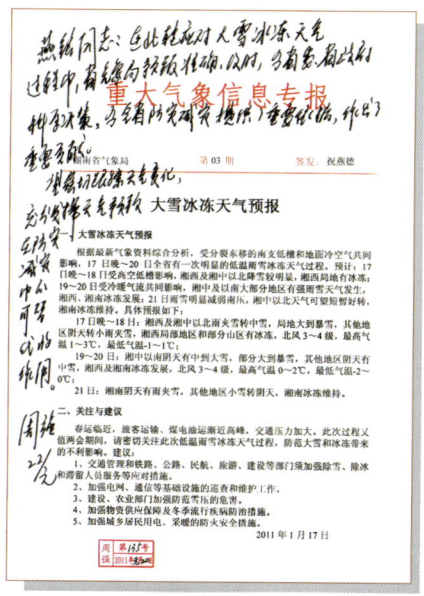

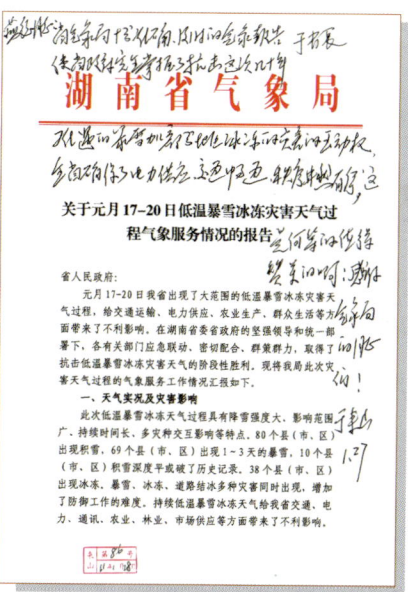

◎2011年1月22日,省委书记周强在《重大气象信息专报》上批示:在此轮应对大雪冰冻天气过程中,省气象局预报准确、及时,为省委、省政府科学决策,为全省防灾减灾提供了重要依据,作出了重要贡献。望密切跟踪天气变化,充分发挥天气预报在防灾减灾中不可替代的作用。

◎2011年1月27日,常务副省长于来山在《关于元月17-20日低温暴雪冰冻灾害天气过程气象服务情况的报告》上批示:省气象局十分准确、及时的气象报告,使省政府完全掌握了抗击这次几十年难遇的暴雪加部分地区冰冻灾害的主动权,全省确保了电力供应、交通畅通,秩序井然有序,这是何等的值得赞美的啊! 感谢气象局的同志们!

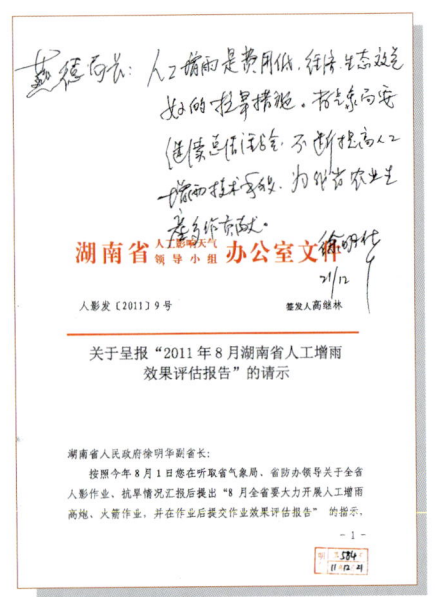

◎2011年12月21日，副省长徐明华在《关于呈报"2011年8月湖南省人工增雨效果评估报告"的请示》上批示：人工增雨是费用低、经济、生态效益好的抗旱措施。省气象局要继续总结经验，不断提高人工增雨技术手段，为我省农业生产多作贡献。

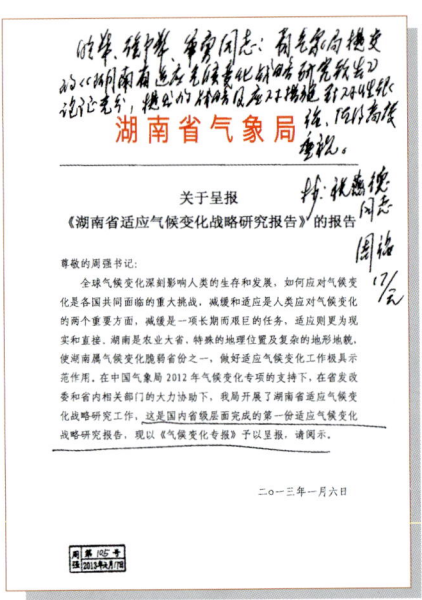

◎2013年1月17日，省委书记周强在湖南省气象局呈报的《湖南省适应气候变化战略研究报告》上作重要批示：省气象局提交的《湖南省适应气候变化战略研究报告》论证充分，提出的战略及应对措施针对性很强，值得重视。

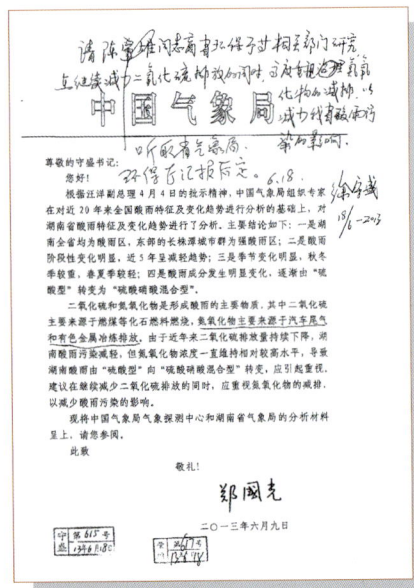

◎2013年6月18日，省委书记徐守盛在中国气象局局长郑国光给他的信上批示：请陈肇雄同志商环保厅等相关部门研究，在继续减少二氧化硫排放的同时，高度重视氮氧化物的减排，以减少我省酸雨污染的影响。

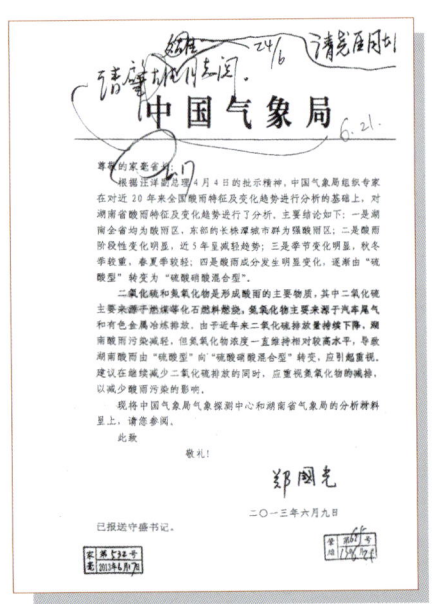

◎2013年6月9日，中国气象局局长郑国光写给省委副书记、省长杜家毫的信。杜家毫作出了阅处批示。

二、领导题词

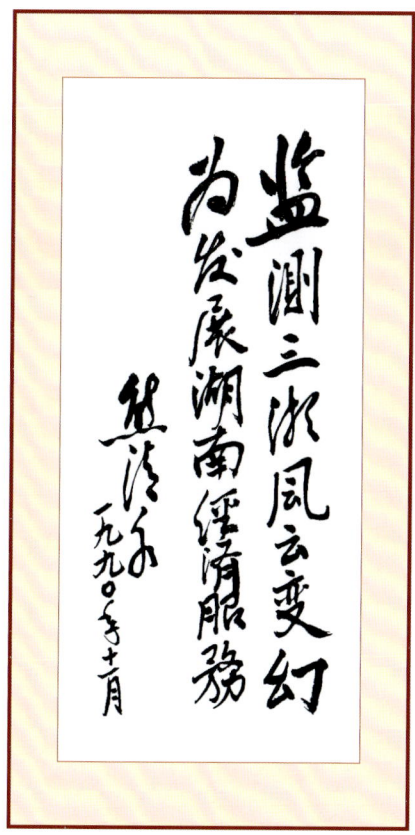

◎1990年11月30日，时任省委书记熊清泉，应《中国气象报》湖南记者站之约，为湖南省气象工作题词：监测三湘风云变幻，为发展湖南经济服务。

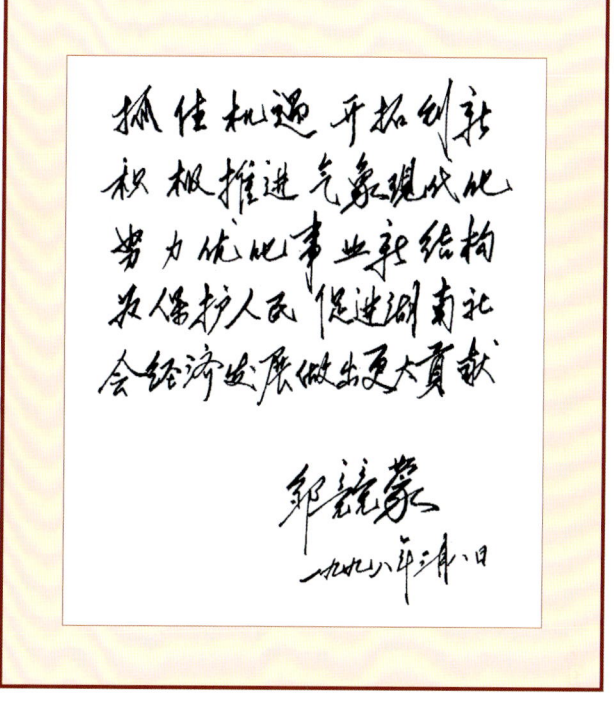

◎1998年3月8日，全国政协常委、中国气象局名誉局长邹竞蒙为湖南省气象部门题词：抓住机遇，开拓创新，积极推进气象现代化，努力优化事业新结构，为保护人民，促进湖南社会经济发展做出更大贡献。

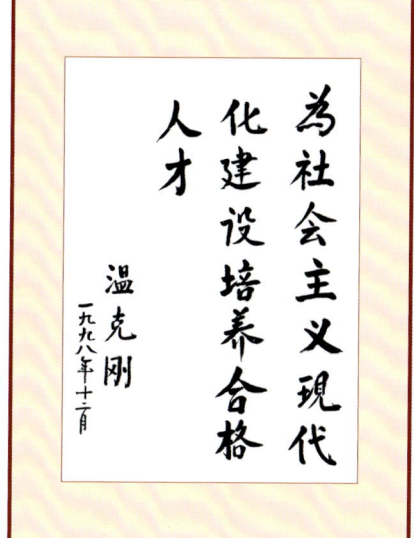

◎1998年12月，中国气象局局长温克刚为湖南省气象培训中心题词：为社会主义现代化建设培养合格人才。

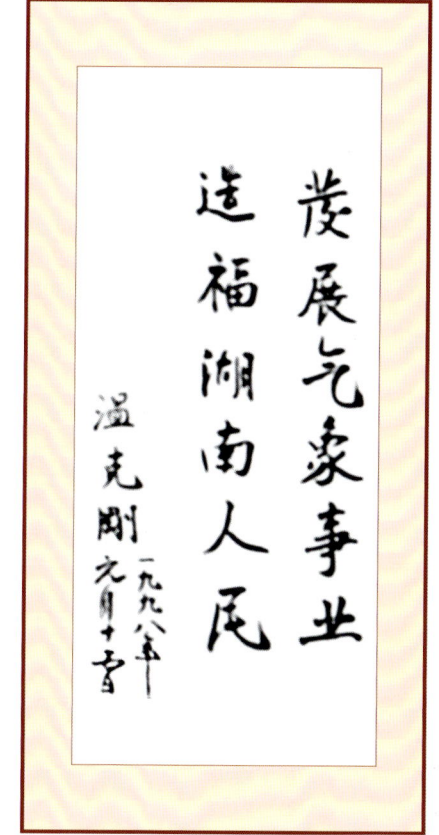

◎1998年1月13日，中国气象局局长温克刚应邀为湖南省气象部门题词：发展气象事业，造福湖南人民。

071

树立和落实科学发展观,将
南岳高山气象站建设成国内
一流、国际先进的气象台站。

中国气象局 秦大河
2005年10月22日

◎2005 年 10 月 22 日,中国气象局局长秦大河为湖南省南岳高山气象站题词:树立和落实科学发展观,将南岳高山气象站建设成国内一流、国际先进的气象台站。

◎2011 年 6 月 2 日,中国气象局局长郑国光在岳阳气象观测站题字:洞庭一站。

◎2011 年 10 月 22 日,中国气象局局长郑国光为韶山市气象局题字:韶山气象。

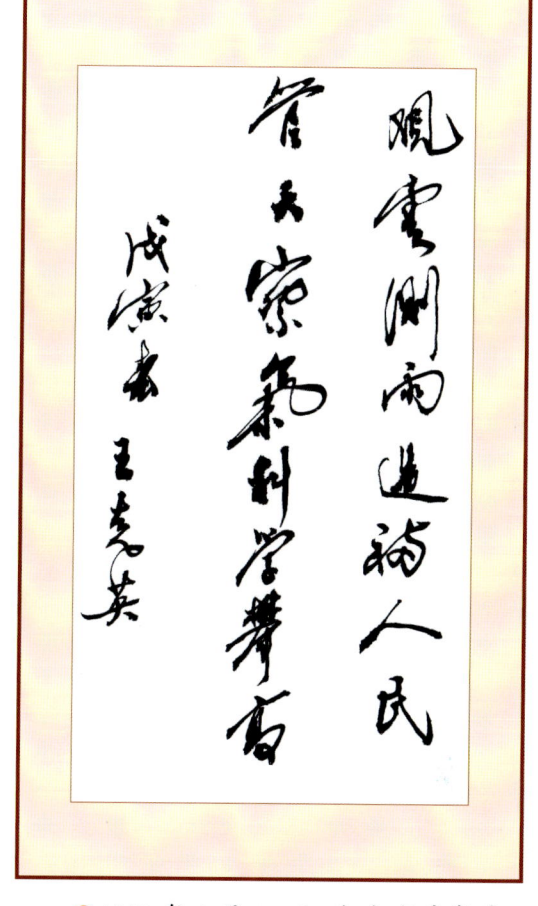

积极搞好"生命线"工程建设，为湖南工农业稳定发展服务。题赠全省气象员工 卓康宁 一九九二年三月二十三日

观云测雨造福人民，管天察气科学攀高。成淑书 王克英

◎ 1992 年 3 月 23 日，湖南省副省长卓康宁为气象工作题词：积极搞好"生命线"工程建设，为湖南工农业稳定发展服务。

◎ 1998 年 1 月 13 日，湖南省委常委、省人大常委会副主任王克英为湖南省气象部门题词：观云测雨造福人民，管天察气科学攀高。

加快改革，扩大开放，加速气象技术转让，加速气象现代化，为湖南经济跻身全国十强做出新贡献。题赠省气象台建台四十周年 郑培民 1993.3.20.

◎ 1993 年 3 月 20 日，湖南省副省长郑培民为省气象台成立 40 周年题词：加快改革，扩大开放，加速气象技术转让，加速气象现代化，为湖南经济跻身全国十强做出新贡献。

防灾减灾
气象先行

庞道沐
1998.2.4

◎1998年2月4日，湖南省副省长庞道沐
为气象工作题词：防灾减灾 气象先行。

努力做好气象
防灾减灾工作
为湖南经济建
设服好务

袁隆平
二〇〇二.十二.九.

◎2002年12月9日，"杂交水稻之父"、
中国工程院院士、湖南省政协副主席袁隆平
考察了省部共建的气象防灾减灾重点实验室
并为之题词：努力做好气象防灾减灾工作，为
湖南经济建设服好务。

发挥现代高科
技优势，为抗灾
减灾、趋利避害、
造福三湘人民，
作出更大贡献

李黄 二〇〇一年十二月

◎2001年12月22日，中国气象局
副局长李黄题词：发挥现代高科技优势，
为抗灾减灾、趋利避害、造福三湘人民作
出更大贡献。

◎2010年3月22日，"杂交水稻之父"、中国工程院院士、湖南省政协副主席袁隆平为省气象培训中心题词：加强三农气象服务，为国家粮食安全提供气象保障。

◎2006年6月，中科院院士丑纪范为长沙市自动气象站题词：此乃长沙第一个自动气象站，实为气象事业进入一个新的发展阶段之里程碑。

◎1993年7月，南岳高山气象站建站五十六周年暨新站落成庆典上，接受国家气象局局长邹竞蒙题词——南岳气象站。

◎2010年10月18日，全国政协人口环境资源委员会副主任委员、中国气象局原局长温克刚在湘考察时为湖南气象事业题词：十年巨变、再攀高峰。

◎2005 年 10 月 22 日，中国气象局局长秦大河为南岳高山气象站题词的情景。

◎2011 年 6 月 2 日，中国气象局局长郑国光为岳阳气象观测站题词的情景。

◎2010 年 3 月 22 日，省政协副主席、中国工程院院士袁隆平为湖南省气象培训中心题词时的情景。

◎1996 年 6 月 1 日，中国气象局副局长颜宏为湖南省气象培训中心题词时的情景。

第五篇

党政领导视察湖南气象工作的
重大报道与署名文章

　　主要反映：国家领导人和省部主要领导视察、指导湖南气象防灾减灾和气象工作时所作的重要指示、讲话，以及解决气象事业发展重大问题的事实报道；省部领导发表的指导和支持湖南气象工作的重要署名文章。

一、新闻报道

◎2010年6月11日,《团结报》报道:中共中央政治局委员、国务院副总理回良玉到湘西泸溪县视察暴雨洪涝灾情,得知盘古岩村计生专干、气象信息员覃卷花的抗洪救灾先进事迹后,连声夸奖覃卷花做得好。

◎2013年9月9日,《中国气象报》刊登新闻报道并配发照片:全国人大常委会副主任张宝文率气象法执法检查组来湘检查调研。张宝文指出:要依法加强气象防灾减灾和应对气候变化能力建设。充分发挥气象在促进社会经济发展和服务人民群众生产生活中的重要作用。

◎1998年6月4日,《中国气象报》刊登新闻报道:湖南省委书记、省人大常委会主任王茂林、副省长庞道沐,到省气象局会见来湘考察的世界气象组织主席、全国政协常委、中国气象局名誉局长邹竞蒙。王茂林指出:气象工作做好了,对减少灾害造成的损失能起很大作用,要尽最大努力支持省气象局提出的方案,尽早建立湖南洪涝和中尺度灾害性天气预警系统。邹竞蒙提出:湖南面临的灾害性天气决定了要大大加强预测和分析预报水平,湖南洪涝和中尺度灾害性天气预警系统方案,可以作为湖南气象现代化建设"九五"后期到"十五"期间的主要项目,争取早日建成,早日发挥效益。

◎1998年6月15日,湖南《科技导报》刊登新闻报道:王茂林陪同邹竞蒙到湖南省气象局考察时强调:气象科技工作必须加强。省气象部门当前的首要任务之一就是要为防汛抗灾作贡献。

◎2004年7月29日,《中国气象报》刊登报道:周伯华、杨泰波、秦大河共同强调:气象防灾减灾十分重要。周伯华指出:湖南省委省政府已经意识到,加大对气象的支持和投入是自己的事情,是科学发展观的必然要求,是协调、统筹、科学发展必须建立的观念。他强调,对于省气象局下一步的发展以及建立湖南省气象防灾减灾预警中心等问题,省政府再次表示支持,需要政府承担的投资一定承担。秦大河对湖南省委、省政府以及市县党政部门一向把气象部门当作自己的工作部门,高度重视和支持地方气象事业的发展表示感谢。他要求湖南气象部门,积极实施"三大战略",努力为湖南的经济社会发展作出更大的贡献。

◎2004年11月27日,《中国气象报》刊登图片报道:湖南省委副书记、省长周伯华和副省长杨泰波会见中国气象局局长秦大河,双方共商湖南气象事业发展大计。

该报同版还刊登图片报道:全国政协人口资源环境委员会副主任、中国气象局原局长温克刚为湖南气象工作题词:十年巨变,再攀高峰。

◎2005年5月12日,《中国气象报》刊登新闻报道:杨正午称赞"天气很好"。台湾亲民党主席宋楚瑜潇湘寻根,历时45小时的旅程,其间天公为之作美和优质气象服务传为佳话,湖南省委书记杨正午会见宋楚瑜一行,称赞了宋楚瑜到来"天气很好"。省委副书记谢康生几次赞叹宋楚瑜寻根祭祖感动天地,在湘活动的整个行程如愿以偿,非常顺利。省气象局、气象台按照省委办公厅的要求,提前做了精细的天气保障与服务,且滚动式报告天气,为省委安排好此次重大接待活动当了好参谋。湘潭市气象局(台)也为之成功开展了气象预报服务。

◎2005年5月21日,《省委通报》(第16期),刊登了5月16日省委书记杨正午、副省长杨泰波在视察湖南省气象局时的重要讲话。杨正午指出:气象与经济发展、社会进步,关系非常密切。气象工作已对党委政府的决策有着直接的重要作用。

◎2005年12月31日,《中国气象报》刊登图片新闻:湖南省委书记杨正午视察省气象局,他肯定气象影视节目发挥了不可替代的重要作用。

同版还刊载图片报道:中国气象局局长秦大河随中央党校省部级领导干部学习班调研组赴湘,考察了张家界市气象台。

◎2008年12月29日,《中国气象报》刊登照片报道:湖南省委书记张春贤、省长周强共同会见全国人大农业与农村委员会实施《中华人民共和国气象法》调研组组长王明义一行。

同版还刊载图片报道:中国气象局局长郑国光到湖南指导防汛抗灾气象服务工作。

◎2011年1月7日,《中国气象报》刊登新闻报道:省委书记周强首肯防灾减灾气象服务。周强电话指示说:感谢气象部门的干部职工为保障湖南社会经济发展所作出的突出贡献;希望你们特别做好当前低温雨雪冰冻天气的预报和跟踪服务,为全省各行各业的防灾减灾提供科学依据和对策建议。

同版还刊载图片报道:湖南省委副书记、省长徐守盛和国家烟草局局长姜成康到宁乡县考察烟叶人工防雹工作。

◎2011年10月25日,《中国气象报》刊登图片新闻:中国气象局局长郑国光在湖南宾馆与湖南省委书记、省人大常委会主任周强会见,双方就湖南气象事业发展交换了意见。

同版还刊载新闻报道:郑国光在湖南检查指导气象工作时强调:紧盯地方需求,加快推进气象现代化。

◎2011年10月25日,《中国气象报》刊登图片新闻:中国气象局局长郑国光和湖南省省长徐守盛到湖南省气象预警中心考察指导工作,共同宣布湖南省气象预警中心正式建成启用。考察会谈时,郑国光指出:要把湖南省气象预警中心作为全国省级气象业务系统的示范,推动气象现代化建设。他表示,中国气象局将大力支持湖南"长株潭'四化两型'气象防灾减灾综合示范区"等重点工程建设。以此为支撑,加快推进湖南气象事业新一轮发展。徐守盛强调:气象事业的发展不仅是气象部门的责任,更是地方政府的重要责任。湖南省委省政府将继续大力支持气象现代化体系建设,全面提升气象防灾减灾能力。

◎2012年7月18日,《中国气象报》刊登图片新闻:湖南省委书记周强视察省气象预警中心,周强提出:要努力打造有影响力的"气象湘军",为湖南"四化两型"建设作出更大贡献。省委常委、省委秘书长易炼红、副省长徐明华一同考察。

◎2013年8月5日,《中国气象报》刊登新闻报道:中国气象局和湖南省政府签署省部合作协议:共同推进气象服务湖南经济社会发展。具体内容包括:全面建设气象防灾减灾体系、共同推进气象防灾减灾能力建设、依法强化公共气象服务与气象社会管理职能等。中国气象局局长郑国光和湖南省省长杜家豪代表双方签字。中国气象局副局长矫梅燕和湖南省副省长张硕辅分别代表双方在签字仪式上讲话。

◎2013年8月16日,《中国气象报》刊登新闻报道:湖南省省长杜家豪到省气象预警中心考察慰问。他指出:气象工作关系发展全局,关系千家万户,气象服务已成为政府公共服务的重要体现。

二、署名文章

◎2001年4月5日,《中国气象报》发表湖南省委、省政府和中国气象局三位领导的署名文章,省委副书记胡彪:气象工作越来越重要;副省长庞道沐:气象队伍是一支过硬的队伍;中国气象局党组成员、纪检组长孙先健:发扬成绩,再铸辉煌。

◎2002年4月22日,《中国气象报》发表湖南省政府和中国气象局两位领导的署名文章,副省长庞道沐:建设预警系统,造福三湘人民;中国气象局副局长许小峰:健全制度,明确责任,确保雷达充分发挥效益。

◎2003年8月21日,《中国气象报》发表省长周伯华的署名文章:按照总理要求建设湖南气象事业。

◎2002年10月10日,《湖南日报》发表省人大常委会副主任罗海藩的署名文章:气象要依法兴业。

◎ 2006 年 3 月 30 日,《中国气象报》发表副省长杨泰波的署名文章:气象要为防灾减灾作新贡献。

◎ 2006 年 6 月 22 日,《中国气象报》发表省委副书记谢康生的署名文章:科学利用雨洪资源的实践与思考。

◎ 2007 年 1 月 27 日,《中国气象报》发表副省长杨泰波的署名文章:认真贯彻胡锦涛总书记和国务院领导讲话指示精神,加快防灾减灾和气象现代化建设。

◎ 2011 年 10 月 25 日,《中国气象报》发表副省长徐明华的署名文章:强化气象防灾减灾,服务湖南和谐发展。

第六篇

党政领导关怀湖南基层气象事业

主要反映:国家和地方党政领导关怀指导湖南各地气象事业发展,诸如到气象台站考察指导工作,研究、决策气象事业发展重大事项等。

长沙市

◎2002年3月3日，省人大常委会副主任庞道沐（前排左一），与省人大农业与农村委员会主任胡正扬（左三）、副主任孔庆玲（右四）一行，就审议出台《湖南省实施〈中华人民共和国气象法〉办法》，到长沙市气象局调研。

◎2004年7月23日，中国气象局局长秦大河（右三）视察长沙市气象局观测站。

◎2006年8月，长沙市市长谭仲池（右三）和省气象局局长祝燕德等共商长沙气象事业发展大计。

◎2006年10月17日，省委常委、长沙市委书记梅克保（右二）、市人大常委会主任余合泉（左一）在长沙市气象局考察。

◎2007 年 5 月 10 日，中国气象局局长郑国光(中)视察宁乡县气象局，对县气象局的工作给予了高度评价。

◎2008 年 2 月 3 日，中国气象局副局长许小峰(左一)指导长沙市气象局抗冰救灾工作。

◎2010 年 1 月，副省长徐明华(前排右二)在省气象局局长祝燕德(前排右一)、长沙市委常委、副市长张迎龙(前排左三)陪同下考察新农村建设真人桥区域自动气象站。

◎2010 年 5 月 17 日，中国气象局副局长矫梅燕(右三)一行在湖南浏阳县气象局调研座谈。

◎2010 年 8 月 18 日，国家烟草局局长、党组书记姜成康(前排左二)，省委副书记、省长徐守盛(前排右三)，参观宁乡县气象局在喻家坳国家现代烟草农业示范区设立的气象防灾减灾工作站，饶有兴趣地观摩了人工防雹作业试验。

◎ 2011 年 10 月 22 日，中国气象局局长郑国光（中）和省委常委、长沙市委书记陈润儿（右一）在考察气象为农服务"两个体系"建设时与关山村村干部交谈。

◎2013 年 4 月 24 日，省气象局局长常国刚与当地领导考察指导长沙县、望城区气象局建设。

◎2013 年 8 月 15 日，长沙市副市长黎石秋在宁乡县老粮仓炮点指导人工增雨抗旱工作。

◎2013 年 11 月 22 日，省气象局副局长何逸（左）与长沙市副市长黎石秋（右）签署共同推进气象服务长沙经济社会发展合作协议。

湘潭市

◎2004 年 7 月 22 日，中国气象局党组书记、局长秦大河在省政府副秘书长陈吉芳等陪同下到韶山市气象局检查指导工作。

①秦大河（前排左五）一行与韶山市气象局职工合影。
②秦大河一行在韶山毛泽东同志故居前与随行人员合影留念。

①

②

◎2006 年 4 月 8 日，中国气象局副局长宇如聪（左七）在省气象局副局长潘志祥（左六）陪同下到韶山市气象局检查指导工作，图为与韶山市气象局职工合影。

089

◎2007 年 3 月 20 日，中国气象局副局长王守荣（左五）在省气象局局长祝燕德（右三）陪同下，到韶山市气象局检查指导工作，在毛泽东同志故居前合影留念。

◎2009年7月23日,湘潭市委常委、常务副市长毛腾飞(中)到湘潭市气象局检查指导工作,并组织召开气象灾害预警系统现场办公会。

◎2010年8月4日,湘潭市副市长刘建业(前排右一)一行到市气象局检查指导防汛气象服务工作。

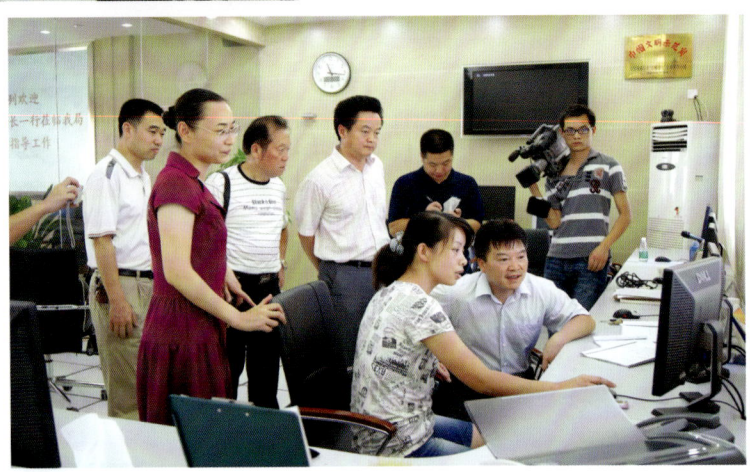

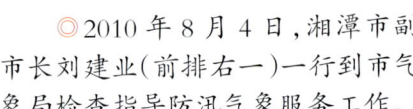

◎2010年9月3日,中国气象局副局长许小峰(左六)到韶山市气象局检查指导工作,与气象局干部职工合影。

◎2011年10月22日,中国气象局局长郑国光在省政府副秘书长陈吉芳、省气象局局长祝燕德和湘潭市委书记陈三新等领导陪同下到韶山市气象局检查指导工作。

①郑国光(前排右五)、陈吉芳(前排右四)、陈三新(前排右六)、祝燕德(前排右三)等,与韶山市气象局职工合影。

②陈三新(前排左三)、郑国光(前排左一)在韶山市气象局检查指导工作。

◎2011年11月21日,湘潭市委常委、市委秘书长谈文胜(左二)到市气象局检查指导工作,听取气象工作情况介绍。

◎2012年4月19日,湘潭市人大常委会副主任万启林、副市长刘建业率市人大、市政府相关部门负责人等就实施《中华人民共和国气象法》《湖南省雷电灾害防御条例》开展执法检查。

◎2013年2月22日,湘潭市副市长戴德清(右一)、省气象局局长常国刚(右二)到湘潭新一代天气雷达选址点指导工作。

株洲市

◎ 2005 年 10 月 21 日，中国气象局局长秦大河（中）在株洲炎陵县气象局检查指导工作，打着手电筒查看观测簿。

◎ 2009 年 9 月 3 日，株洲市委书记陈君文（右一）在市气象局考察，畅谈气象工作的重要性，称赞气象短信温馨，是动了脑筋的。

◎ 2010 年 11 月 6 日，全国政协常委、中国科学院院士秦大河（左二）在株洲市气象台业务平面视察。

◎2011年4月18日，中国气象局副局长许小峰（前左一）考察株洲市气象局。

◎2011年10月23日，中国气象局局长郑国光一行在株洲国家基准站检查指导工作。

①郑国光（前左二）在观测场检查气象观测仪器运行情况。
②郑国光（前左五）与株洲市气象局干部职工合影留念。

◎2012 年 7 月 28 日，中纪委驻中国气象局纪检组副组长彭抗(前排右三)在株洲市气象局考察时与气象职工合影。

◎2013 年 8 月 6 日，省气象局局长常国刚（站立右二)到株洲市气象局调研指导汛期气象服务和基层气象机构综合改革工作。

◎2013 年 8 月，株洲市副市长蔡典维（左二）在市气象台了解天气形势。

湘西土家族苗族自治州

◎1975年，湘西州军委会副主任王振宗（二排左二）在凤凰县高炮人工增雨炮点与气象工作人员和高炮民兵合影。

◎湘西州委、州政府下发关于气象工作的文件、函件、会议纪要、明传电报等。

◎1998年5月，全国政协常委、中国气象局名誉局长邹竞蒙（后排左六）视察古丈县气象局时与县气象局职工合影。

◎2000年8月8日，湘西州州长武吉海（左二）考察州气象台时说："今年来得最快、受益最大的抗旱技术是人工增雨，明年要继续抓好。"

◎2005年10月，中科院院士、中国气象局局长秦大河（前排右五）到湘西州考察，与州气象局干部职工合影。

科学分析 准确预报 及时服务

◎2006年4月6日，中国气象局副局长宇如聪（左二）在副州长胡章胜（前排左四）等陪同下，考察湘西州气象业务工作。

◎2008年1月29日，湘西州委副书记、州长徐克勤（左二）一行慰问抗冰救灾服务的气象科技人员。

◎2009年6月19日，中纪委驻中国气象局纪检组组长孙先健（右二）在省气象局局长祝燕德（右四）的陪同下到湘西凤凰县气象局调研。孙组长评价"湘西山好、水好、工作好、人更好"。

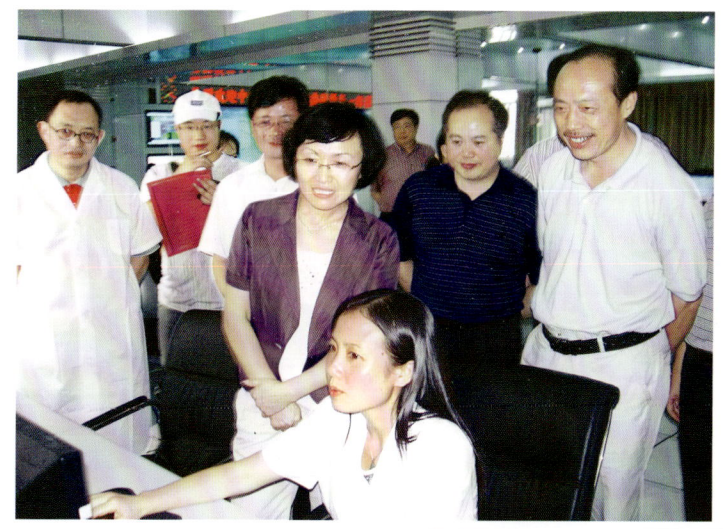

◎2009年9月26日,中国气象局副局长矫梅燕(后排右三)到湘西州调研。副州长吴彦承(后排右二)陪同考察。

◎2010年5月14日,湘西州州委书记何泽中(前右三)考察州气象台。

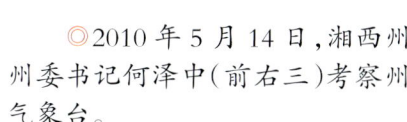

◎2010年10月19日,全国政协人口环境资源委员会副主任委员、中国气象局原局长温克刚(中)在湘西凤凰县气象局与基层台站工作人员合影。

◎2013年8月26日,省气象局局长常国刚(左三)到湘西州气象局检查指导抗旱减灾气象服务工作。

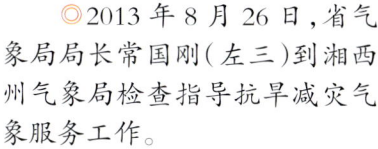

张家界市

◎2008年4月26日，中国气象局副局长张文建（前排左四）到张家界市气象局检查指导工作时与市气象局职工合影。

◎2008年9月28日，中国气象局副局长矫梅燕（中）到张家界市气象局考察指导工作。

◎2008年11月6日，全国人大农业与农村委员会贯彻《中华人民共和国气象法》调研组组长王明义（前右二）一行，在张家界市气象局检查调研。

◎2009年6月27日，中纪委驻中国气象局纪检组组长孙先健（右一）在张家界市气象局检查指导工作。

◎2009 年 9 月 11 日，副省长徐明华(左二)考察张家界桑植县人工增雨炮点，与工作人员交谈。

◎2012 年 7 月 5 日，张家界市委书记胡伯俊(右三)、省气象局局长祝燕德(左二)在市气象台检查指导工作。

◎2013 年 8 月 2 日晚 10 时，张家界市副市长向佐谊(左二)亲临人工影响天气作业点一线指导人工增雨抗旱，并慰问作业人员。

◎2013 年 8 月 13 日，省气象局局长常国刚(前排中)在张家界市气象台检查指导抗旱气象服务工作。

常德市

◎1998年5月，全国政协常委、中国气象局名誉局长邹竞蒙（右二）在常德市气象局视察调研指导工作。

◎2001年12月23日，中国气象局副局长李黄（右一）在湖南常德太阳山新一代天气雷达站考察。

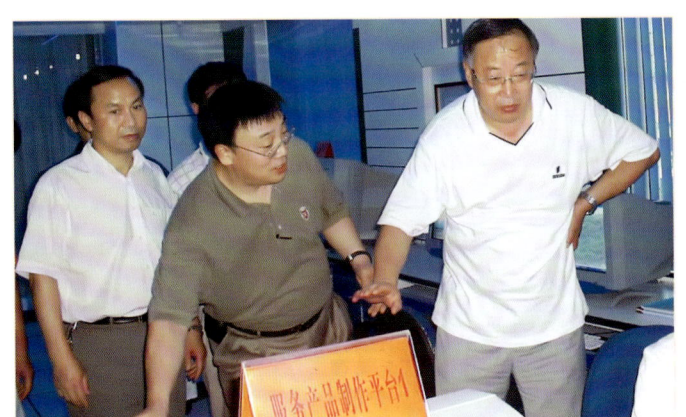

◎2004年7月23日，中国气象局局长秦大河（右一）在常德市气象台检查指导工作。

◎2005年1月1日，常德市副市长朱晓平（右三）在市气象局考察，听取气象工作汇报。

◎2006年6月8日，常德市市委书记武吉海（左三）考察市气象局，在气象观测站听取介绍。

◎2007年3月18日，中纪委驻中国气象局纪检组组长孙先健（中）在常德市气象局调研。

◎ 2007 年 5 月 11 日,中国气象局局长郑国光(右一)与副省长杨泰波(右四)在常德市气象局检查汛期气象服务工作。

◎ 2010 年 8 月 9 日,常德市市长陈文浩(左一)在市气象局考察指导工作。

◎ 2012 年 1 月 20 日,常德市委书记卿渐伟(左二)考察市气象局,听取气象工作汇报。

◎ 2013 年 8 月 12 日,省气象局局长常国刚(左二)在常德市气象局听取市局党组工作汇报。

益阳市

◎1997 年 4 月 24 日，益阳市市长蔡力峰（右三）考察益阳市气象局。

◎2004 年 7 月，中国气象局局长秦大河（右一）视察益阳市气象局，在业务平面听取介绍。

◎2005 年 11 月 23 日，中国气象局副局长刘英金（中）在省气象局局长祝燕德（右）陪同下考察益阳市气象局。

◎2006 年 4 月 7 日，中国气象局副局长宇如聪（左三）考察益阳市气象局并与业务人员交谈。

◎2006年11月3日，益阳市副市长肖彬（右二）到益阳市气象局考察指导工作。

◎2007年8月12日，益阳市委常委陈冬贵（前排右四）在市气象局局长陪同下到桃江、赫山炮点慰问人工增雨作业人员。

◎2007年8月15日，益阳市市委书记蒋作斌（右二）在市气象局局长陪同下调研桃江县旱情。

◎2010年5月4日，益阳市副市长彭建忠（前一）率桃江县委常委、副县长李质彬赴浮邱山考察，为建设益阳市新一代天气雷达踏勘选址。

◎2012年3月2日，益阳市委书记马勇（左六）在省气象预警中心调研。

◎2012年8月22日，益阳市市长胡忠雄（左三）在市政府秘书长胡捷等陪同下到益阳市气象局检查指导工作。

◎2013年5月15日，益阳市委书记魏旋君（右一）在市气象局考察时，认真查看益阳市气象灾害防御形势图。

◎2013年8月1日，省委书记徐守盛（左一）认真听取益阳市赫山区气象局局长关于人工增雨工作汇报。

◎益阳市副市长肖彬在《中国气象报》发表题为"贯彻落实国务院3号文件 促进益阳经济社会和谐发展"的文章。

岳阳市

◎2004年7月22日,中国气象局局长秦大河(前排左六)在岳阳市委书记易炼红(前排左五)等陪同下考察岳阳市气象局并与干部职工合影。

◎2005年11月2日,中国气象局副局长许小峰(前排右三)在省气象局纪检组长费中运(前排右二)陪同下,到岳阳市气象局检查指导工作,与岳阳市气象局干部职工合影。

◎2007年3月,中纪委驻中国气象局纪检组组长孙先健(右三)在岳阳市气象局考察调研。

◎2007年3月,中国气象局副局长王守荣(左一)在岳阳市气象局检查指导工作。

①

◎2007年5月13日，省委书记张春贤、省长周强到岳阳检查防汛工作，并到岳阳国家气候观象台、岳阳市气象局观测站视察。

①张春贤（中）到岳阳国家气候观象台考察。
②周强（前右一）在岳阳国家气候观象台考察。

◎2010年5月，中国气象局副局长矫梅燕（右二）会见岳阳市市长黄兰香（左一），共商岳阳气象事业发展。

◎2011年6月，中国气象局局长郑国光（左四）在省气象局局长祝燕德（左二）陪同下到岳阳市气象台检察指导工作。

◎2013年6月7日，岳阳市副市长熊炜在岳阳市气象局检查工作。图为熊炜（左三）在市气象台业务平面听取介绍。

怀化市

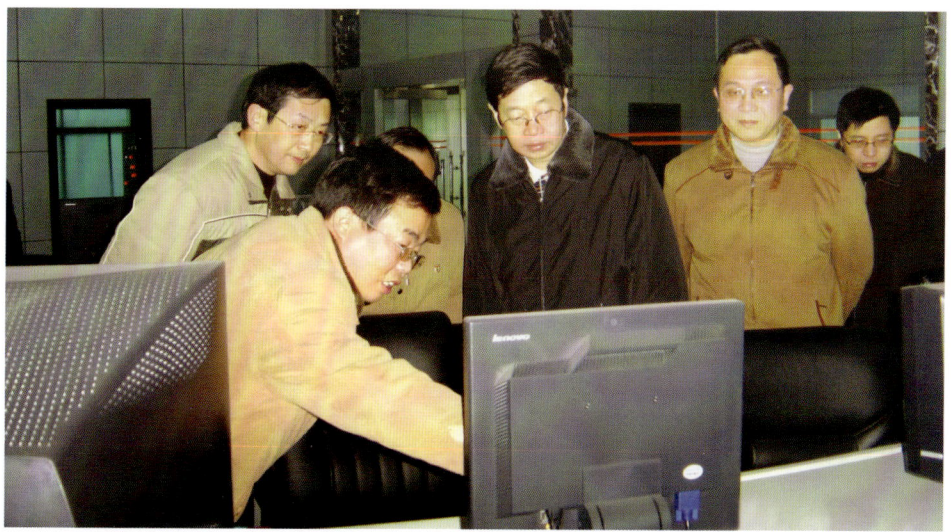

◎2008年1月22日，怀化市副市长谢宏有（右三）到市气象局调研冰雪灾害情况。

◎2010年5月19日，副省长、省防汛指挥部指挥长徐明华（右一）考察会同县气象局时称赞道："会同气象局的同志了不起，非常不错，只有6个人，工作量很大，服务却做得这么好，值得表扬。"

◎2011年7月23日，湖南省文明办副主任姚伟红（前排中）到怀化市气象局进行全国文明单位复查工作。

◎2012年2月8日，怀化市市长李晖（左二）、副市长王行水（左三），在怀化市气象局调研。

◎2012年8月27日，怀化市气象局被市委市政府表彰为抗洪救灾先进集体。

◎2013年2月21日，怀化市副市长王行水（右四）在怀化观测站地温场考察。

◎2013年8月28日，省气象局局长常国刚（中）到在建中的怀化新一代天气雷达站调研。

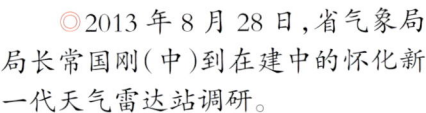

娄底市

◎2003年8月5日，娄底市副市长李云才（左二）考察人工增雨作业炮点，指导人工增雨工作。

◎2004年1月5日，中纪委驻中国气象局纪检组组长孙先健（右二）在双峰县气象局观测场调研指导。

◎2009年6月5日，娄底市副市长刘益丈（后排左四）、市人大常委会副主任谢元龙，出席娄底市贯彻实施《湖南省雷电灾害防御条例》座谈会。

◎2010年4月15日，娄底市人大常委会副主任谢元龙（左一）在娄底市气象局观测站调研。

◎2011年5月12日，娄底市市长张硕辅（左一）在市气象科普宣传咨询点与工作人员交谈。

◎ 2012年6月8日,娄底市市长易鹏飞(中)与娄底市气象局科普宣传展台工作人员握手问候。

◎ 2012年5月12日,娄底市副市长吴建平(左二)在市气象局科普宣传点查看科普资料与气象信息。

◎ 2013年1月31日,中国气象局党组副书记、副局长许小峰(右五)在娄底市考察气象工作。

◎ 2013年6月7日,娄底市委书记龚武生(右三)到市气象局指导防汛工作。

◎ 2013年9月5日,全国人大副委员长张宝文(前排左三)在中国气象局副局长于新文(前排左二)陪同下视察娄底市气象局新一代天气雷达站。

邵阳市

◎2006年7月25日，邵阳市委副书记魏太平（中）到邵阳市气象局考察并听取气象工作汇报。

◎2006年7月，邵阳市市长黄天锡（右二）在邵阳市气象局调研。

◎2013年1月5日，邵阳市副市长胡颖（左二）到市气象局考察指导工作。

◎2013年1月29日，中国气象局党组副书记、副局长许小峰（前排右五），到邵阳市气象局调研指导工作。在邵阳雷达站前与干部职工合影。

◎2013年9月，全国人大常委会副委员长张宝文率气象法执法检查组对湖南省贯彻《中华人民共和国气象法》情况进行检查。9月4日，在省人大常委会副主任徐明华、中国气象局副局长于新文等陪同下，到邵阳执法检查。

①张宝文（前排左一）、于新文（前排左二），徐明华（前排右一）等领导视察邵阳新一代天气雷达站。

②张宝文（二排左二）、于新文（二排左一）在邵阳市气象台考察。

③于新文（二排中）参加邵阳市气象局县级综合改革座谈会。

衡阳市

◎1999年6月，衡阳市委书记颜永盛（左一）、市政府秘书长陈文吉（左二）到衡阳市气象台考察指导工作。

◎2005年10月22日，中国气象局局长秦大河随中央党校省部级领导学习班调研组赴湘，对"三农"问题作专题调研。图为秦大河（左三）在南岳高山气象站与气象职工合影。

◎2007年8月6日，全省人工影响天气工作会议在衡阳县召开，图为省委书记张春贤（前左一）、省长周强（左三）视察人工增雨作业现场，与工作人员交谈。

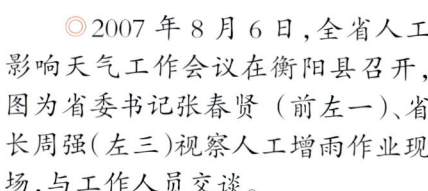

◎2009年5月，中国气象局副局长宇如聪（后排左四）在省气象局局长祝燕德的陪同下，到衡阳南岳高山气象站检查指导汛期气象服务工作。

◎2009年12月9日，衡阳市市委书记张文雄（右一）带领市委秘书长杨邦伟（左一）、副市长邹文辉（左五）一行到市气象局考察指导工作，并慰问气象工作人员。

◎2010 年 5 月 27 日，衡阳市人大副主任左慧玲（右四）到市气象局落实气象防灾减灾工作。

◎2013 年 1 月，中国气象局副局长许小峰（右二）考察南岳高山气象站，检查气象仪器设备。

◎2013 年 7 月 3 日，衡阳市委书记李亿龙（右三）、市长周海兵（左一）亲临气象重点项目工地现场调研。

◎2013 年 7 月 25 日，衡阳市市长周海兵（右二）在衡南县相市乡合西村人工影响天气炮点检查工作。

◎2013 年 11 月 14 日，衡阳市副市长唐文峰（二排中）到衡阳市气象局考察，在市气象台听预报人员介绍天气预报制作流程。

永州市

◎2006年5月28日,中国气象局副局长宇如聪(左二)在省气象局局长祝燕德(左一)永州市副市长程晨曦(右二)陪同下,在永州市气象局检查指导工作。

◎2006年9月10日,中纪委驻中国气象局纪检组组长孙先健(左一)在省气象局副局长刘家清(右一)陪同下到永州市气象局调研指导。

◎2007年2月25日,永州市委常委、副市长刘事清(前左一)到永州市气象局检查指导工作。

◎2009年2月1日,永州市副市长荣燕明(右三)率副秘书长唐定奇(右二)等到市气象局看望干部职工,并在气象台了解天气情况。

◎2009年6月22日,永州市委书记黄天锡(左三)在双牌县卫星气象预警信息接收试点村调研,察看预警信息接收试用情况。

◎2010年9月20日,永州市副市长舒平(右二)等到市气象台考察,慰问工作在一线的气象工作者,了解11号台风"凡亚比"动向。

◎2012年1月12日,永州市委常委、政法委书记唐湘林(右一)看望道县气象局原局长、全国劳动模范黄晓霞(右二)。

◎2013年1月4日，永州市委书记张硕辅（前排右二）率市委、市政府及有关部门负责人到市气象局看望慰问气象工作人员，指导抗冰救灾工作。

◎2013年9月16日，永州市委常委、常务副市长易佳良（右二）在气象台考察。

◎2013年12月6日，省气象局与永州市政府签署《加快永州气象现代化建设合作协议》。
①参加市、局合作协议签约的双方代表合影。

◎2013年12月26日永州市委常委、副市长舒平（左六）在道县出席指导永州市气象防灾减灾应急演练。

②省气象局局长常国刚（右）与永州市市长严志辉（左）签约握手。

郴州市

◎2008年1月22日，中国气象局副局长宇如聪（前排右三）率组在省气象局副局长涂松柏（前排右一）陪同下，冒风雪考察重灾区郴州资兴市坪石乡昆村。

◎2008年6月5日，郴州市市长戴道晋（右）在市气象局观测站考察指导。

◎2009年12月10日，郴州市人大常委会副主任樊忠达（中）在市气象台了解气象服务情况。

◎2011年6月13日，郴州市政府秘书长何文君（右一）在市气象局调研。

◎2011年8月30日，郴州市市长向力力（中）考察郴州新一代天气雷达塔楼建设。

◎2012 年 5 月 8 日,郴州市副市长雷晓达(右二)到市气象局调研观测站搬迁事宜。

◎2013 年 7 月 23 日,郴州市市长瞿海(左四)在桂阳县方元人工增雨作业炮点现场检查、调研人工增雨抗旱工作。

◎2012 年 8 月 2 日,郴州市委书记向力力(左三)视察郴州新一代天气雷达建设工地。

119

◎2013 年 8 月 19 日,市政府副秘书长郭宗模,市水利局、市防汛办指挥部负责人在市气象台听取天气会商,就防御台风"潭美"进行部署。

后 记

《党政领导关怀湖南气象事业图文集(1955—2013)》(以下简称《图文集》)正式出版了,我们热烈欢迎她的问世!

这部《图文集》的编纂,历经二年时间。经历了从构思、确定编纂方案,到广泛征集图文、精心挑选、过细编排,到几番审稿、调整完善,直至定稿、印刷出版的全过程。她的问世,是两届省气象局领导集体重视支持和指导的结果,同时,得到了市(州)气象局的积极参与和支持,也是编纂工作人员积极努力工作的结果。

为做好这项工作,省气象局成立了《党政领导关怀湖南气象事业图文集(1955—2013)》编委会和编辑组,于2012年10月正式发文布置编纂工作。在本《图文集》编纂过程中,得到了省气象局机关各处室、各直属单位、各市(州)气象局和部分离退休老同志以及气象出版社的大力协助与支持。几届省气象局记者站的站长、记者共计提供照片300余张,省气象局机关各处室和直属单位提供照片100多张,离退休老同志提供历史久远的照片近100张,各市(州)气象局共计推荐照片200余张,其中有些是将文件、报道文字等翻拍扫描成为图片,总计收到700余张(件)图片。《图文集》精选录用了400余张(件),并配以文字说明。

在此,衷心感谢编委会及编辑组成员,是大家认真严谨的工作,确保了本《图文集》的高质量呈现;同时,要感谢省气象局机关各处室的领导及联络人员,以及各直属单位、各市(州)气象局的领导、办公室主任、秘书、档案工作人员、通讯员等,是大家积极认真一次、再次地提供了应有的图片与文字资料;还要特别感谢陈江民、陈胜华、毛湘宁、杨俊忠、徐永胜、李余粮、吴铁桥、柏峰、蔡前进、毛亮、郭庆、龚云发、孙家严、苏瑶、郑文新、康玲、张继光、谭萍、尹婷等同志,是他们协助提供了许多有关图文资料,姚宏权还参与了部分图文的设计;还要感谢刘万才、王福琪、任天京、陈叔先、徐钟然、肖祥、吴天福、陈耆验、张顺辉、段春作等离退休老同志,是他们为本《图文集》提供了不少较为久远而弥足珍贵的档案史料。真诚感谢大家做了很好的收藏与奉献,从而帮助我们较圆满地完成了这部历史性《图文集》的编纂工作!还值得一提的是,本《图文集》的问世,在一定程度上较成功地集锦并抢救了众多珍贵的图文史料。

由于本《图文集》所涉猎的内容,时跨湖南省气象局成立近六十年,时间之久、范围之广,疏漏之处在所难免,热忱欢迎且恳请各位热心读者批评指正。

编 者
2013年12月29日